"你的全世界来了"科普阅读书系

人类来了

马 然 ◎ 编 著

丛书主编：安若水
副 主 编：张晓冬　毕研波
编　　者：王水香　海　秋　毕经纬　马　然　张润通
插　　图：支晓光

山西出版传媒集团　山西教育出版社

图书在版编目（CIP）数据

人类来了 / 马然编著. — 太原：山西教育出版社，2020.5（2021.1重印）
（"你的全世界来了"科普阅读书系 / 安若水主编）
ISBN 978-7-5703-0969-6

Ⅰ.①人… Ⅱ.①马… Ⅲ.①人类-青少年读物 Ⅳ.①Q98-49

中国版本图书馆 CIP 数据核字（2020）第 051764 号

人类来了
RENLEI LAILE

策　　划	彭琼梅
责任编辑	冉红平
复　　审	姚吉祥
终　　审	彭琼梅
装帧设计	崔文娟
印装监制	蔡　洁

出版发行	山西出版传媒集团·山西教育出版社
	（太原市水西门街馒头巷7号　电话：0351-4729801　邮编：030002）
印　　装	山西三联印刷厂
开　　本	890×1240　1/32
印　　张	5
字　　数	104 千字
版　　次	2020 年 5 月第 1 版　2021 年 1 月山西第 2 次印刷
印　　数	5 001—8 000 册
书　　号	ISBN 978-7-5703-0969-6
定　　价	23.00 元

如发现印装质量问题，影响阅读，请与出版社联系调换。电话：0351-4729718

目录

1. 人类的祖先——露西奶奶　　1
2. 中国传说——女娲造人　　4
3. 西方传说——上帝造人　　7
4. 诺亚方舟是怎么回事　　10
5. 露西的直立姿势　　13
6. 无休止的有趣追究　　16
7. 东非大裂谷　　19
8. 能人是造石器的巧人　　22
9. 原始人吃什么　　25
10. 惊世骇俗的达尔文　　28
11. 拷问化石　　31
12. 举一个当代田野调查的好例子　　34
13. 委屈的科学家杜布瓦　　37

⑭	北京猿人为爪哇猿人正名	40
⑮	直布罗陀发现了尼安德特人	43
⑯	继续讲尼安德特人	46
⑰	尼安德特人的消失和智人出现	49
⑱	神奇的基因	52
⑲	尼安德特人的DNA	55
⑳	直立人的必然尝试	58
㉑	旧石器时代	61
㉒	新的石器技术时代	64
㉓	旧石器时代晚期	67
㉔	奥杜威文化	70
㉕	中国元谋猿人	73
㉖	中国蓝田猿人	76

目录

㉗	塔斯马尼亚人的灭绝	79
㉘	喉的位置让人清晰发音	82
㉙	原始人的语言	85
㉚	世界七大语系	88
㉛	汉藏语系	91
㉜	中国旧石器时代的文化分布	94
㉝	古老的巴斯克方言群	97
㉞	走出非洲（1）到达澳大利亚	100
㉟	走出非洲（2）基因标明的迁移路线	103
㊱	走出非洲（3）基因突变引出的分类	106
㊲	走出非洲（4）理不清的线团	109
㊳	著名的化石造假故事——皮尔当人	112
㊴	欧洲新石器时代的日常生活	115

40	第四纪及地质年代表	118
41	新仙女木和8200年事件	121
42	中国新石器时代文化(1)裴李岗文化	124
43	中国新石器时代文化(2)仰韶文化	127
44	中国新石器时代文化(3)良渚文化	130
45	半坡人的母系氏族生活	133
46	母系氏族的河姆渡人	136
47	两河流域文明	139
48	古埃及文明	142
49	古印度文明	145
50	三皇五帝（上）	148
51	三皇五帝（下）	151
52	黄河流域文明生生不息	154

人 类 来 了

① 人类的祖先——露西奶奶

说到人，同学们都最熟悉不过了：首先，我们是人；其次，我们生下来，睁开眼看到的也是人。

我们的亲人、老师、同学和陌生人，他们有礼貌，懂规则，从事社会各行各业的工作，为社会创造价值，全都可亲可敬。

可是，人类还有一种一米左右的矮小种类，他们生活在大自然中，常常处于恐惧不安的状态，靠拾野果和抢鸟蛋为食，偶尔捕捉到昆虫、老鼠和兔子，然后连皮带肉生吃；见到大型动物则惶惶而逃，怕自己反被当作猎物生撕了。

他们就是最早的人类，也就是我们的祖先。我们的露西奶奶，可能就是这样的。

露西是谁？在非洲埃塞俄比亚的哈达尔，考古队发现了异常完整的成年的雌性小灵长动物骨骼化石。恰好当时考古队正在听美国甲壳虫乐队的一首歌曲，这首歌曲的名字里有露西，考古队员就把这一骨骼化石命名为露西了。

这具化石生活的年代远在320万年前，比之前考古学家发现的任何一具古人类化石都要久远。这具被称为露西的古人类化

石,被我们认为是人类的祖母,所以我们叫她露西奶奶。

露西是最早的人类,那里是非洲南方,所以叫南方猿人。从盆骨的形态可以看出这是个女性,生过孩子,年约20岁,死因不明。她的个头比现代人矮小,前额倾斜,眼眶凸起,鼻子扁平,嘴巴突出。露西的手指纤细而弯曲,呈钩状,更像猴子的爪子。她的手臂、肩膀、髋骨和股骨的结构,都表明她善于在树上攀爬而且会悬挂。

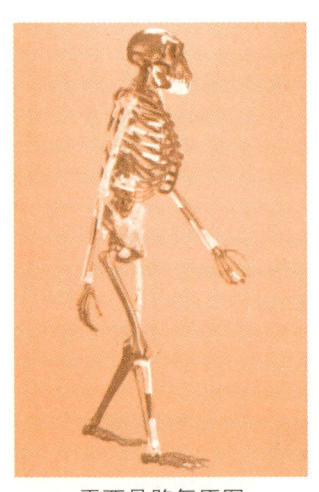

露西骨骼复原图

露西和同伴们虽然会直立,但还是习惯居住在树上。她们摘取野果,吃各种小动物。遇到危险时,会迅速跑回树林保护自己。她们没有见过真正的火,不懂烹煮,只靠生食食物生存。同时还要提防大型动物的突然袭击,整天慌恐地生活在森林之中。

猿人最早产生于非洲,从直立进化到智人,几次出走到亚洲、澳洲、欧洲和美洲等地,经过生生死死的毁灭淘汰,仅有部分进化为现代人。北京猿人原来被看成另一属,现在也归为猿人。

考古学家通过考察骨骼化石来研究古人类的遗骸,认识人类的进化历史。但因为地壳的运动,被深埋在地下的遗骸变得零碎,难以识别,增加了考古的难度。

现在的研究表明,南方古猿是非洲最早的人科物种。

南方古猿阿尔法种的露西就是我们的祖先,也可以说是正在"形成中的人"。从露西脊柱和颅骨的连接方式可知,她是用两足直立行走的。直立行走促进了脑的发展。

据悉,发现露西的30年后,考古学家在埃塞俄比亚又发现了一具更早的男性古人类化石。

"露西祖父"的骨骼

这块化石高达1.5米—1.7米,并且拥有长长的大腿,取名为"大个子",又称为"露西的祖父"。露西的祖父生活的年代离现在有360万年左右,这也是目前人类直立行走的最早记录。露西化石目前保存在亚的斯亚贝巴的埃塞俄比亚国家博物馆。

② 中国传说——女娲造人

同学们读到人类的祖先在大自然中低微的地位、危险的处境时，心中恐怕也不是滋味吧。而对于人的产生，各民族都有自己的传说。

神话自有神话的逻辑，都与当时的生活环境有关。

中国描述初始的神话，首推盘古开天地。

盘古开辟了天地，创造了山川河湖、日月星辰、草木虫鱼。但他忘了一件事——没有造人。

盘古开天辟地

人类来了

这时女娲来了。女娲人面蛇身,与盘古的人面龙身大致相似。女娲是个孤独的神,她一人行走在天地间,对着浩瀚的山川河流思考,这个美丽的世界很寂静,好像缺点什么。

缺什么呢?女娲望向天空,脚踏大地,呼吸着湿润的空气,原来是缺少生命的气息。于是女娲想要开始创造生命,可是生命是什么呢,要造成什么样子呢?没有现成的样子可供参考,女娲苦苦思索着。

女娲补天

有一天,她来到黄河边,在河水里发现了自己的倒影。女娲想,为什么不创造自己的同类呢?

女娲为自己的想法激动不已,她用黄土和水抟了一批又一批小泥人。她把捏好的泥人放在平地上整齐地摆好,在太阳下晾晒。她满意地照看着她的作品,充满了幸福感。

时间一天一天过去,到了七七四十九天的时候,女娲发现

　　这些泥人竟然活动了：他们蹬腿、伸腰，还走过来，围着女娲又唱又跳。

　　女娲欢喜得不得了，于是继续造起泥人来。到了后来，女娲嫌做得慢，就用藤条沾了泥浆，甩泥点子到地上，到了地上的泥点子就变成了小人。

　　这就是我们中国关于人类起源的传说。

人类来了

③ 西方传说——上帝造人

中国是女娲造人,其他国家又有什么样的传说呢?

西方的传说来自《圣经》。

上帝耶和华在创造了天地万物之后,在第6日造了人,让人住在伊甸园。伊甸园里花草盛开,有溪水流淌,有结满果子的树,也有鸟儿鸣唱、野地里玩耍的小兽。

耶和华从大地上取了一些尘土,依照自己的样子,做了一个模型。他将生气吹进模型的鼻孔,那泥人眨了眨眼睛,然后伸伸胳膊,动动腿,身上的泥土一下子变成了血和肉。

上帝给这个人起名叫亚当,派他去看园子。亚当很愿干这个活儿,整天高高兴兴地看园子,平时看看花草植物,偶尔和小动物嬉戏。

久了,他发现园子里有一棵特别的树,是分辨善恶的树。之所以觉得特别,因为上帝警告他,说园中各树上的果子都可以吃,但不可以吃善恶树上的果子,吃了,就会死。

上帝怕他胡思乱想,便趁亚当睡熟时,从他的身体中取出一条肋骨,造了一个女人,给她起名叫夏娃。

亚当醒来时看到夏娃,知道这是上帝给他送来的,非常高兴,他们便成了亲,做了夫妻。

亚当和夏娃愉快地生活在伊甸园中

他们和别的动物一样,没有衣服,光着身子在园中行走。

有了夏娃,亚当不再无所事事,他和夏娃在伊甸园里快乐地生活着。

一天,两人在园子里散步,看到了那棵果树。亚当告诉夏娃,这棵树是分辨善恶的树,上面的果子上帝不让吃,说吃了就会死。夏娃一听,更加好奇,总是看着这棵树,想着树上的果子,整天心事满满的。

伊甸园中有一条蛇,它也是上帝造的。这条蛇比其他动物都狡猾。它对心事重重的夏娃说,吃了善恶树上的果子并不会死,吃了果子眼睛会更明亮,也会和神一样聪明,知道善恶。

夏娃听了后,就去摘果子,她不仅自己吃了,还让亚当也吃了。他们吃了后,眼睛真的变明亮了。他们看着对方,发现彼此是赤身裸体的，有了羞耻之意，就去找来无花果的叶子蔽体。这是他们的第一件衣服，从此他们就有了衣服。

蛇诱惑亚当和夏娃吃了禁果

可一想到上帝的话，他们还是很担心。此后，他们在园子里行走时便很小心，看到上帝走来就赶紧藏起来，担心被上帝责罚。

但有一次他们没躲过去，上帝听到了他们的说话声，立刻喊住他们。亚当只好推诿："我赤身裸体，所以藏在园中。"上帝大怒："谁告诉你赤身裸体的，你吃了分辨善恶的果子？"亚当急忙争辩："是夏娃，她给我吃的。"夏娃对上帝说："你造的蛇，是蛇引诱我吃的。"

上帝非常生气，惩罚了他们，将他们赶出了伊甸园。

亚当和夏娃就是西方传说中人类的祖先。

4　诺亚方舟是怎么回事

亚当和夏娃被赶出了伊甸园，之后才有了诺亚方舟的故事。

诺亚方舟是一艘根据上帝的旨意建造的大船。造船的目的是为了让诺亚与他的家人，以及世界上各种生物，能够躲避开一场上帝故意造成的大洪水灾难。

怪了，上帝既然造人，又干吗要故意制造灾难呢？诺亚又是谁呢？

话说亚当和夏娃被逐出伊甸园后，繁衍了许多后代，他们的后代又不停地进行传宗接代，人口越来越多，遍布了整个大地。

上帝曾让人必须付出艰辛劳动才能免受饥饿之苦，可人的惰性却与日俱增。人们开始了争斗掠夺，互相残杀，人间的暴力和罪恶到了无以复加的地步。

上帝看到了这一切很后悔，他后悔创造了人，整天为此忧伤。上帝绞尽脑汁地想办法，想让这一切消失，可这个念头马上被他打消了：如果世上没有了生物，他曾经创造的一切就白费了。所以他最后决定，选个品德好的人留在世间，继续繁衍生命。

他选中了一个叫诺亚的人。诺亚算是他的随从，一直跟随他。在上帝看来，这是个品德好且守本分的人。诺亚有三个儿子及三个儿媳，在他的教育下，都本本分分地生活，没有一个误入歧途。诺亚也常告诫周围的人们多多行善，停止作恶。

上帝找到诺亚夫妇，说："我对人类的恶行已经无法容忍了，他们让这世界充满了仇杀，我要让所造的人、走兽、昆虫及空中的飞鸟都从地上消灭。我要用洪水毁灭这一切，你们造一只方舟去逃生吧。"

诺亚方舟

上帝又嘱咐诺亚道："带着你的妻子、儿子、儿媳们一起登上方舟。再挑选飞禽、走兽、爬虫每样两只，雌雄各一，和你们一道上船。在船上喂养好它们，这些都可以留种，将来在地上繁殖。此外还要带上吃的东西，储存在船上，作为你们和动物的粮食。"

诺亚听从了上帝的指示，一一照办。他带着那些动物，按上帝的吩咐都上了船。

诺亚方舟

7天过后，洪水降临到大地。大地上的河水及所有泉水一齐奔流而来，天穹洞开，连续的倾盆大雨下了40个昼夜。洪水泛滥，大水涨起来，把方舟托起，升离地面。

地面的水越来越多，淹没了高山、平原，一切有气息的陆地生物，全都没有了踪迹。上帝清除了世上的生物，只有在方舟上的诺亚一家还有他们挑选的鸟兽爬虫活了下来。

诺亚渴望重新回到大陆，不断派出鸽子寻找陆地。终于有一天，一只鸽子衔回了橄榄枝，他知道水已经退去。

诺亚同他的妻子、儿子儿媳们从方舟上走出来，各种野兽、牲畜、鸟类和爬虫也都下了船。

人类因为诺亚而生存下来，并继续繁衍。

这个故事很有意义，警告人类不要作恶。

5 露西的直立姿势

现在我们回到现实世界,继续进行我们的考古。

我们说过了人类的祖先露西奶奶,她会直立行走。直立是从猿变人的重要一步。

英国学者通过野外观察发现,红毛猩猩在树上有时也会直立行走,它们踩着树枝两腿交替前进,像杂技演员一样谨慎而小心。

红毛猩猩

研究人员认为,树猿至少在树上行走了2000万年左右,在

地面上仍然保持直立的姿势。

而黑猩猩与大猩猩用指关节扛地的四足行走模式,应该是后来改回去的,指关节扛地绝对不是正确的行走策略,明显是权宜之计。这就说明,很多动物可以直立行走。

但人类的行走伴随着生理结构的改变,而经过这种改变之后,再也不可能用四足行走了。

直立行走的动物与四足行走的动物在骨骼结构上明显不同。

首先要看足弓。具备其他灵长类动物没有的足弓,是现代人类独有的典型特征。足弓能支撑身体的重量,让走路更省力气,能保护大脑免受步行的巨大冲击,还让早期人类放弃了攀爬树木的习惯。

如果某具古老化石的脚骨存有足弓,大致可以证明他生前曾经直立行走过。这也是化石判定的一项标准。

直立行走的第二个条件是骨盆。骨盆可以起到骨架枢纽的作用,上面承接脊椎,下面连着大腿。直立行走让人类的骨盆必须更加强壮,这样才足以支撑上半身的重量。考古专家可以通过骨盆化石断定该化石的主人是人类还是猩猩,男人还是女人,成年还是幼年。

直立行走的第三个重要特征在于膝盖骨。

人类的膝盖骨除了要保证双腿能够弯曲自如,还要承担跳跃、奔跑时的大力冲击。四足行走的陆生哺乳动物都能弯腿,但人类的膝盖骨更大、更硬、更结实,下跪动作更麻利。

人类究竟何时开始直立行走,这项研究的难度是非常大的。从现在已经挖掘出来的人类化石看,研究人员发现了人类

直立行走的蛛丝马迹,那就是我们讲过的露西。从骨骼看,露西的足弓非常明显,表明她已经可以长时间直立行走。

从那时起,人类学家相信,人类直立行走的历史已有320多万年,即露西的考古年龄。

但这还不是人类最早的直立时间。

人类进化

6 无休止的有趣追究

科学家从埃塞俄比亚的一堆库存化石中找出了新线索,他们拼凑出一幅完整的女人骨骼,并把这个女人命名为阿尔迪。研究人员得出结论,阿尔迪生活的年代在440万年前,比露西早了120万年。

阿尔迪身材很小,脑容量与黑猩猩相似。从骨盆判定,她已经开始直立行走,但因为脚是平足,不能远距离奔跑。

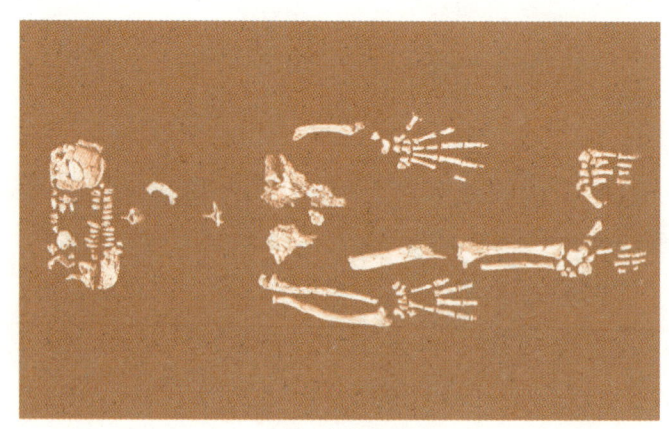

阿尔迪的骨骼

为了探究阿尔迪的生活场景，研究人员在当地搜集了动植物化石，得出的结论是，阿尔迪生活的地方，曾经茂密的森林消失，变成巨大的平原，平原上有许多动物，比如羚羊、孔雀等。

此前认为，由于森林消失，古猿才不得不到地面生活，从而导致了直立行走。可阿尔迪明明居住在大片森林里，绿树如茵，古木参天，一片生机繁华的景象，于是以前的理论说不通了。

新旧观点的矛盾引发了争吵，核心就是：人类到底什么时候开始被称为人？或者说，阿尔迪到底算不算作人？

在一些人类学家眼里，阿尔迪仍是一种猿，生活在地上的，称地猿；生活在树上的，被称为树猿；生活在山里的，就叫山猿。一系列的考古发现，这三种猿似乎都有资格作为直立行走的开创者，如果以直立行走为标准，很多应该叫猿的动物都变成了人。

我们暂时放下猿何时成为人的问题，先来考虑是什么样的动力，或什么样的自然压力促使人类祖先直立行走，或者说，直立行走给远古人带来了什么？

不同的学者提出了迥异的观点。

几十年前有个极为流行的观点，认为直立行走是为了腾出前肢去制造并使用石器工具，并最终把前肢变成了手。这一理论着重强调双手的解放，也许用后肢站立，并不是因为这种走动方式更好，而是因为我们要腾出双手来打造石器。

还有相关的说法认为直立的主要意义在于恐吓对手，突然

站立意味着身材猛地高大了一倍。比如棕熊和北极熊在战斗之前都要站立起来威胁对手,以图威慑对方,不战而胜。

另一些学者认为,古猿猎到食物后会十分珍视,如果吃不完就会把食物搬运回住地,用来追求配偶或者带给子女,这样就必须腾出手来搬运。

还有学者认为,直立行走的终极原因,可能与节省能量的生存本能有关。在自然环境下,哪怕节省一点点能量,都意味着有更多的生存机会。

除了节省能量这一好处外,直立行走还带来了另一个好处,就是可以使身体可以远离酷热的地面,古猿可能就是经受不住地面的高温煎烤,而不得不站起来的。

考古现场

7 东非大裂谷

直立行走的更深层次的原因,可能与气候有关,这一观点得到了多数古人类学家的认可,即气候理论。

东非古猿曾经居住在绵延起伏无边无际的绿色森林中,它们整天在树林间来回攀缘,饿了吃水果、吃昆虫之类的小动物。后来,由于地壳运动,东非大地慢慢从中间裂了开来。

原来,这里处于非洲板块和印度洋板块的交界处,据地质学家考察研究认为,大约3000万年以前,由于两个板块张裂,使得大陆发生漂移运动而形成了这个裂谷。地壳的大运动时期,地壳下面的地幔物质上升分流,产生巨大张力。这种张力作用于地壳,从而发生了大断裂,裂谷就此形成。

不断进行的抬升运动,使地壳不断断裂,导致地下熔岩大量涌出,渐渐形成了熔岩高原。高原上的众多山峰就是由火山爆发形成的,而断裂的下陷地带则成为大裂谷的谷底。

板块构造学说认为,在1000多万年前,地壳的断裂作用形成了这一巨大的陷落带。这一作用至今一直存在,裂谷带仍在不断地扩展。

这里多火山、多地震，表明地壳运动活跃。地壳运动引起的强大外力，会使地壳岩层发生断裂和破碎。这种发生断裂的岩层，就叫断层。

著名的东非大裂谷被称为"地球的伤痕"，它自南向北纵贯东非高原，是世界上最长、最深的大断层。它全长6400千米，宽为32千米—56千米，高山与深谷相差1000千米—2000千米。

东非大裂谷

这样的大断裂发生之后，大裂谷东西两侧的气候和植物情况也发生了巨大的变化。

大裂谷的西边，森林继续存在，古猿没有改变生活习惯。即使有了阿尔迪们的出现，可是古猿没有继续进化。

而大裂谷的东边，降雨减少，森林大片消失，到处木叶枯萎，大地日渐萧条，生活在树上的古猿无树可爬，又无法跨越巨大的裂谷，最后只有一个选择——下到地面生活。

东非大裂谷迫使它们演化出了直立行走的姿势。大约600万年前，第一批直立的古猿终于出现了。

古猿被迫直立行走

漫长的岁月不断推动着进化的历程，不管我们相信哪一种关于人类直立行走演化的理论，这都是一件具有深远影响的事件。

20世纪60年代，一些著名的人类学家曾经提出过一个被广为接受的理论，即人类脑容量的增长，是第一个将人类与猿类分开的、决定性的演化事件，用后腿站立则是第二个事件。

这一理论认为，正是脑容量的增长产生了操控能力，让猿解放了双手从而可以熟练地劳作，最终驱动了后腿站立的演化。

但新近的化石研究发现却颠覆了这一决定性的顺序，即这一发现认为，两足行走产生后，猿的脑容量才发生增长。

这么多直立行走的原因，到底哪个是对的？人类进化本来就是复杂的过程，各种可能都可能起到作用。

直立行走是自然选择赋予人类的法宝，有的类人猿继续进化，相应地出现了人体的其他特征，向文明迈进。

当然，只有一部分直立人如此幸运地在自然选择中获胜。

8 能人是造石器的巧人

露西奶奶之后是能人。古时的能人能砸石头，制作砍砸器、刮削器等，是手开始变巧的人，所以又叫巧人。

砸石头是猿人类的一条进化出路。砸石头对能人来讲是很不容易的事，要知道，他们从类人猿发展而来，手脚还有猿的特征。他们把一块普通的石头砸成一块可使用的砍砸器，这表明能人的脑容量已非常大了。

这就是我们感到神秘莫测的旧石器时代的开端。

1960年，美国考古学家在非洲坦桑尼亚北部的奥杜威峡谷中，发现了一具史前人的头骨化石，同时还发现了与之相关的手骨、下颌骨以及一些锁骨和足骨。

这块头骨骨片相对较薄，脑容量在650毫升—800毫升之间，骨头的主人大约高1.3米，重40千克。他的手骨比现代人的更弯曲和粗壮，更像黑猩猩和大猩猩。这是理想的用于爬树的手，可以使对握的大拇指完成强有力的抓握，也可以使手准确地运用工具。

与能人化石一起发现的还有一些石器，这些石器看上去可以割破兽皮，带刃的石斧、砍砸器和可以敲碎骨骼的石锤，这些都属于屠宰工具。

能够制造工具和脑容量的扩大是人属的重要特征。人类学家把这个新类型归入人属，把他命名为能人能人，成为最早的人属成员。

能人头骨

他们都是双足直立，能人的头骨和面部看起来不大像猿了，头比较高和圆一些，而且面部也不太突出，最明显的区别是牙齿：前齿更小，门齿变大更像铲形，好被用来切食物。

他们会用锋利的薄石片和石块来获取肉食，在很短的时间内把肉割下来，可见能人比南方古猿先进得多。

据测定分析，能人的生存年代距今足有200万年。从能人的特征上来看，他们既有接近直立人的地方，又留有南方古猿的迹象，可以说是由猿到人的过渡。

在劳动中，能人的大脑接受外界事物刺激的信号越来越多，能力越来越强，大脑也越来越发达起来，并产生了语言。

能人头骨

能人制作了石器，可以进行有限的捕猎活动，他们最初使用石器，也许是为了打跑经常威胁自己生命安全的猛兽。

9 原始人吃什么

沃辛顿·史密斯的《原始野蛮人》一书专门描述了旧石器时代早期的生活,他讲得生动有趣,对我们认识早期人类的生活很有帮助。

我们把生活在原始社会,还未进入阶级文明阶段的人叫作原始人。那时远没有剩余财产,过的是吃了上顿没下顿,而且随时还有生命危险的生活。

那么,原始人吃什么呢?

原始野蛮人吃一切可以吃的东西,他们是杂食动物,无论是动物还是植物,都可以为他们补充营养。

当然,采集是原始人的主要觅食手段。在植物上采集果实,是最安全也最方便的途径。如榛子、山毛榉果、花生和橡实这些全可以入口;对于美味的野苹果、山梨、野樱、野醋栗、野生李、花楸果、黑刺李、黑莓、杉果和蔷薇果等,他们更是喜欢;还有软的叶芽、肉多汁多的植物如芦笋等,还有其他的新鲜蔬菜;同样,他们奔走在草丛和森林,捡食鸟卵、雏鸟、野蜂的蜜和蜂房,也是常事。

最开始猿人类能利用的工具只有树枝。猿人将树枝伸进蚁洞，蘸上一串蚂蚁当肉食。这远远不够，为了获得更多的肉食，他们往往需要生死搏斗，搞不好反而会被大型动物吃掉。

我们常认为原始人会与大型动物搏斗，猎杀大块头的猛犸、熊和狮，其实在人类出现的早期，他们几乎是没有什么战斗力的。野蛮人能捕捉到鼠、兔，而对更大的动物则不得不望而生畏。史密斯说，在大型动物面前，"大多数人只是猎物而不是猎人"。

原始人狩猎场景模拟图

原始人学会制作工具以后，才具有了猎获大型动物的能力，比如使用陷阱、使用石器等攻击性武器。擒获大动物与使用工具和人们的协作是分不开的，反过来，人的食物来源越丰富，人的大脑容量越增加，人类就越聪明，制作工具的能力也越强。所以能够制作工具，对原始人而言是性命攸关的事情。

原始人可以轻松获得的食物还包括一些小型的动物，像蝾螈、蜗牛、青蛙等。他们可以用手捕鱼，也会编织简陋的渔网捉鱼，海里的其他动物和一些植物也可以作为他们的食物。原始人也吃各种虫蛹和昆虫，甲虫的大幼虫和各种鳞翅目的幼虫都可以为饥不择食的原始人果腹。

除此之外，原始人会追踪大型动物，以期发现猎杀现场的剩余遗物。他们利用动物之间的争斗，靠捡拾战败受伤的动物或死亡野兽的尸体为食。不过，这也并不容易得到。

史密斯列举的食物，有些我们没有见过，也没听过，但从他的叙述中，我们知道了原始人食谱的广泛，可以用一切能塞饱肚子的东西来充饥。

史密斯还说："一项极其重要的研究表明，原始人在吃食物时并不在乎是否新鲜。他们发现的通常是已经死亡的东西，即便是半腐烂了的东西在他们看来也觉得是可口的食物——喜欢腐烂或半腐烂的野味的癖好留传至今。"现在人们依然喜欢一些发酵的、腐烂的食品，这点我们要感谢祖先们的大胆尝试。

为了获得新的营养，原始人是勇敢的。

原始人取火场景模拟图

10 惊世骇俗的达尔文

关于人类的起源，争议持续了100多年。

神创论的代表瑞典生物学家林奈坚信是上帝创造了人。他认为，千变万化的生物世界里每一种生物都是上帝的有意创造，所以它们才这样奇妙，这样丰富多彩。

2500多年前的古希腊哲学家阿那克西曼德相信，人是从别的生物演化而来，认为人是由鱼变来的。

在中国，生于2000多年前的庄周则认为人是马变成的。

这一系列的观点，都表明古人对自然界有着怎样的认识。

达尔文《物种起源》的出版，在欧洲乃至整个世界都引起了轰动。

1809年，达尔文出生于英国。他上大学时，父亲希望他当个医生或牧师，但他对此并无兴趣，反而对自然历史痴迷万分，经常到野外采集动植物标本。

在剑桥学习期间，达尔文接受了植物学和地质学研究的科学训练。在他的老师的支持下，达尔文多次远航进行考察。

1832年，达尔文从巴西上岸，登上了南美洲的安第斯山。

他在海拔4000多米的高山上意外地发现了贝壳化石。

达尔文非常吃惊,他疑惑地想:"海底的贝壳怎么会跑到高山上了呢?"

他明白了地壳升降的道理,更进一步证明了自己的猜想:"物种不是一成不变的,而是随着客观条件的不同而产生了相应的变异!"大量物种变异的事实,让他认识到物种是可变的。他大胆地抛弃了《圣经》的上帝造世说,走上了科学追求真理的道路。

达尔文

达尔文于1836年10月回到英国,在历时5年的环球考察中,他积累了大量的资料。回国之后,他细心地整理这些资料,同时查阅大量书籍,寻找生物进化的理论根据。

1859年11月,经过20多年的研究,达尔文写成的科学巨著《物种起源》终于出版了。在这部书里,达尔文提出了"进化论"的思想,说明物种是在不断的变化之中,是由低级到高级、由简单到复杂的演变过程。进化论被恩格斯称为19世纪自然科学三大发现之一。

此外，在这趟环球航行中，达尔文随身带了几只鸟，为了喂养这些鸟，又在船舱中种了一种叫草芦的草。船舱很暗，只有窗户能透射进阳光。达尔文发现草的幼苗向窗户的方向弯曲、生长。

后来，达尔文着手进行了一系列实验来研究植物向光性的问题。他用草的种子做实验，种子发芽时，胚芽外面套着一层胚芽鞘，胚芽鞘首先破土而出，保护胚芽在出土时不受损伤。他的实验证明，在胚芽鞘的尖端分泌了一种信号物质，向下输送到会弯曲的部分，正是这种信号物质导致了胚芽鞘向光弯曲。

达尔文与《物种起源》

人类来了

11 拷问化石

同学们，你们有没有想过，我们不曾见过古人类，不了解原始社会，那么我们关于他们的所有推断和知识是从哪里来的呢？

有一种科学方法，叫作"田野调查"。

田野调查是一种直接观察法，被公认是人类学学科的基本方法论，也是最早的人类学方法论。所有实地参与现场的调查研究工作，都可被称为田野研究或田野调查。

考古学、民族学、行为学、人类学、文学、哲学、艺术、民俗等，都可通过收集和记录田野资料架构出新的研究体系和理论基础。田野调查是研究工作开展之前，为了取得第一手原始资料的先期行动。进行田野调查，是人类学家必须做的基本工作。

远古人类没有文字，没有录音、录像留给今人。也许在地表之上还有一些建筑遗迹，但更多的是被掩埋在地下的遗址和遗骨残骸。

古生物的遗骸就是化石，最常见的是骨头与贝壳等，这些是田野调查寻找的原始资料。

化石一般最少都要经过上亿年才能形成。我们从化石中可以推断出古代动物、植物的生活情况和生活环境，判断出埋藏化石的地层形成的年代和经历的变化，发现生物从古到今的变化等。

化石

科学家要研究化石，最重要的是先要找到化石，再通过发掘、分析才能得到有关化石的重要信息。

去哪里找化石呢？

遗址中会出现一些直接的植物证据，包括植物遗骸化石或者花粉化石。在这种情况下，很多植物能被区分出种属，尽管在很多时候，这些植物的类型还不能确定是树、灌木还是草本植物，甚至不能确定这些植物的相关结构。但通过碳氧同位素的研究证据，还是可以看出其所处的不同生态环境，因为不同的植物类型，其碳氧同位素会有所区别。

但是迄今为止，很多古生态学家在分析古人类遗址时，主要还是分析遗址中发现的哺乳动物化石。最古老和最传统的方法是通过研究动物化石现在的近亲的生活习性，了解它们的古生态环境。

化石

  如果一个动物被食肉动物如鬣狗捕食了，鬣狗会把骨头咬碎；而鳄鱼、蛇或者一些小型哺乳动物如猫头鹰，会把食物的骨头吃掉，消化掉。很多骨骼都在这个过程中被破坏，不过也有一些骨头幸存下来，仅仅是部分被破坏，且被破坏的痕迹也留在了形成后的化石上。

  此外，通过检测牙齿，可以区分动物是以吃草为主，还是以吃树叶为主。这可以从牙齿的长度、上颌的宽度和牙齿的磨损程度等方面进行判断。例如，吃水果的动物，齿冠较低且平坦，门牙较大；吃昆虫的动物，牙齿的牙尖较高。

  遗址的动物群中如果有很多喜欢吃水果和树叶的动物，就说明当时的生态环境是以树木为主。当这些信息与其他的环境背景信息诸如纬度和海拔联系起来后，就可以推测当时该区域是森林还是草原。

  从四肢骨骼上看，哺乳动物奔跑、跳跃和攀爬，它们的四肢会呈现不同的特征。这里还要考虑动物身体的尺寸，这些适应性在不同大小的哺乳动物之间是非常不同的。

12 举一个当代田野调查的好例子

1984年6月中旬,从中国科学院南京地质古生物研究所硕士毕业的侯先光来到云南澄江的帽天山,寻找曾经生存于寒武纪的高肌虫化石。

侯先光住在野外地质勘查工作人员的工棚里,天天早出晚归,爬过崎岖的山路,到选定点搜寻古生物化石,每日劈下的石头常常有两三吨重。

然而,艰苦的工作并没有得到想要的收获,工作了一个多星期,依然两手空空,一点收获也没有,侯先光不免有些失望。

7月1日下午3点左右,和往常一样,他仍然继续挖掘。当他登上一块石头,一抬脚时,鞋跟不慎剐落了一片松动的岩层,一块形状奇特却又保存完整的化石露了出来。

这个发现让他欣喜若狂。通过仔细观察,他依据所学的知识判断,这是一块寒武纪早期的无脊椎动物化石。

他继续挖掘,又发现了三块重要化石。这些化石后来经过进一步鉴定,分别被断定为纳罗虫、腮虾虫和尖峰虫化石。

如同打开了一扇古生物宝藏的大门,此后的数天里,侯先

光陆续发现了节肢动物、水母、蠕虫等许许多多同时期的古生物化石。

侯先光返回南京后,与导师张文堂教授一同撰写了《纳罗虫在亚洲大陆的发现》,并在论文中将澄江的动物化石定名为"澄江动物群"。

这个地方引起了学者们的注意。不久,在帽天山,许多科学家们从未见过的奇特古生物陆续重见天日。

中国科学院南京地质古生物研究所、西北大学等地的教授陆续加入到研究行列,一系列发表在 Nature、Science 等国际权威学术刊物上的文章向全世界描述了5.3亿年前的寒武纪时期,地球生命曾在云南澄江集体爆发的壮观场景。

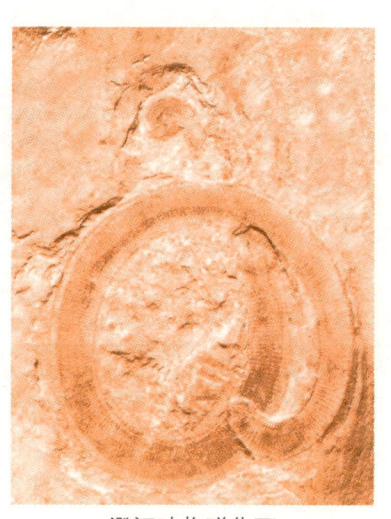

澄江动物群化石

1992年,澄江动物化石群遗址被联合国教科文组织列为"全球地质遗迹东亚优先甲等第四号"。

经历22年的不懈研究,古生物学界在澄江共发现180多种云南虫种动物,其中80%都是前所未知的新种,还有20多种痕迹化石和粪便化石。几乎现在动物的所有门类,都能在澄江化石群里找到它们的远祖代表,而人的"老祖宗"——云南虫,更是首次在澄江被发现。

古生物学研究表明,从地球生命出现到今天已有38亿年,但在距今5.4亿年前的寒武纪之前,生命只是以藻类和菌类的简单形式存在于海洋里。寒武纪之后,大量后生动物突然在海洋里出现,从单细胞藻类、菌类到多细胞后生动物演化得特别快,只用了1000多万年。澄江动物群记录了这段特殊时期生物群的全貌。和38亿年相比,1000万年相当于一昼夜中的一分钟,科学家把这种生命快速进化的过程叫作生命大爆发。

我国曾发行过一枚澄江动物群的邮票

人类来了

13 委屈的科学家杜布瓦

19世纪末,许多科学工作者竞相寻找人类和猿之间的进化环节,也就是寻找古人类遗骸的化石。

风光旖旎的爪哇岛,位于烟波浩渺的印度洋和太平洋之间,这里属热带雨林气候,雨量充沛。得天独厚的自然条件使得岛上热带植物丛生密布,草木终年常青,物产丰富。

1887年,荷兰解剖学家杜布瓦辞去了大学的工作,去寻找人类祖先的踪迹。他自费走遍了整个苏门答腊岛,系统地研究了印度尼西亚的动物群及其分布情况。

杜布瓦

你的全世界来了

第二年,他发表论文,指出热带地区适合古猿包括类人猿居住,尤其当人类的祖先渐渐褪掉了身上的体毛,变为赤身裸体的时候。人类祖先的化石一定会在热带地区发现。

他的这一想法鼓舞他行动起来。不久,他从报纸上得知,在爪哇岛的梭罗河畔,当地居民发现了许多已经绝迹的动物遗骸。他立即雇用了50个人,沿着爪哇岛的梭罗河寻找化石。

在堆积如山的砾石中,他发现的动物化石数以千计。根据对这些化石的研究,他断定,这一地区40万年前曾经生活着许多种类的动物,其中包括古象、犀牛、河马和狼类。

3年后,杜布瓦在爪哇发现一只颅顶骨化石,看上去像一种已经灭绝的黑猩猩的头骨。由于当时鉴定条件所限,他不敢断定这到底是什么。次年,他在同一地区又发现了一块大腿骨。从这块大腿骨上基本可以断定,这不可能是会爬树的黑猩猩的,它应该属于一个直立行走的物种。

这两个发现让杜布瓦很兴奋,他测试了头骨的容量和直立姿态的受力情况,确定出一个在进化史上重要的结论:这就是猿和现代人类之间的重要"缺环"。

由于其大腿骨和现代人相似,杜布瓦判断其主人已能直立行走,而由于其头盖骨仍保持猿的特点,又判定出爪哇化石代表了猿和人之间的过渡类型。杜布瓦给它起名为"直立猿人"。

1894年,杜布瓦回到欧洲,迫切地要把他的发现公布于众,没想到却遭受了严重质疑。

当时人类学者太迷信欧洲的发现,不相信更古老的人类会在欧洲之外。他们先是怀疑这些化石的地质年代有问题,然后所有人都认为，这些化石只是一种长臂猿而已。甚至有流言蜚语认为：这两样的搭配，应是现代人当中的痴呆或畸形儿的遗骨。

爪哇猿人假想图

归根结底就是，谁也无法证明那块头骨和大腿骨来自同一个个体。理由是它们被发现的时间不同，它们所处土壤层之间有无关系也确定不了。

杜布瓦顶不住质疑和打击，气愤之余，他把"爪哇人"锁进了家乡博物馆的保险柜里。没想到，这个"爪哇人"在保险柜里一待就待了28个年头。

杜布瓦在他后期的著作中，不得不违心地承认自己以前的观点是错误的，说那些化石只是一种长臂猿，不属于人的进化系统。更遗憾的是，在他去世前，他的发现也没得到承认，这个遗憾一直陪伴他进了坟墓。

可是在不久后的1929年，中国发现的北京猿人却证明了爪哇猿人的存在是可能的！

14 北京猿人为爪哇猿人正名

1921年,安特生和奥地利古生物学家师丹斯基等人在北京市房山区周口店的龙骨山北坡找到一处丰富的含化石地,即后来闻名于世的北京人遗址——"周口店第1地点"。

1921年和1923年,这里先后发掘出两颗人牙,并定为人属。

1927年在周口店开始进行大规模的系统发掘,由瑞典古脊椎动物学家B. 步林和中国地质学家李捷主持。同年又发现一颗人的左下恒臼齿。有关专家对发现的3颗牙齿进行了研究,确定其为中国猿人北京种。美国古生物学家葛利普给了它一个俗名"北京人",现在已把它的属、种和爪哇人合并,另建立了一个亚种,改称为"北京直立人"。

在中国考古学家裴文中主持下,1929年12月,第一个完整的北京人头盖骨被挖掘出来,距今70万年。这一消息的公布,震动了世界学术界。

北京猿人的颧骨较高,脑容量平均仅1532毫升。他们身材粗短,男性高约156厘米,女性约144厘米。他们腿短臂长,头部前倾,直立行走,上肢与现代人的双手相似。

  考古学家根据其遗骨复制出的形象是:外貌有点像猿,嘴巴向前伸着,没有下颌,鼻子扁平,颧骨高突,两个粗大的眉骨连在一起,像屋檐一样遮在双眼上。他们走起路来也不像现代人那样昂首挺胸,而是有点弯腰屈膝。

北京猿人

  根据出土的动物和植物化石,可以判断出周口店一带曾森林茂密,水草丰盛,气候温暖,适宜生活。北京猿人会用火取暖和煮食,通常几十人拉帮结伙,共同抵御猛兽和自然灾害。他们的生活极其艰苦,致使他们寿命很短,通常只有十三四岁。

  北京人是属于从古猿进化到智人的中间环节的原始人类,这一发现在生物学、历史学和人类发展史研究上,有着极其重要的价值,证明了直立人的存在,明确了人类发展的序列,为"从猿到人"的学说提供了有力的证据。

  完整的北京人头盖骨的出土,让人们开始重新认识爪哇猿人。通过比较北京猿人与爪哇猿人的头盖骨,科学家认识到北

京猿人与爪哇猿人虽然在形态上有某些区别，但是他们只是同一演化级上的地理变异。

北京猿人

这一科学结论，证明了"爪哇猿人是大长臂猿"的结论是错误的，所以从某种意义上可以说，北京猿人的发现救活了爪哇猿人。那位可敬的荷兰解剖学家杜布瓦可以含笑九泉了，他的智慧成果终于得到了世人的承认！

但很可惜，他们并没有在自然选择中存活下来。大约20万年前出现在非洲的现代人，其后代在大约13万年前走出非洲，迁徙并取代了欧洲和亚洲的古人类。

⑮ 直布罗陀发现了尼安德特人

人类的出现是在第四冰期。

冰期是大规模冰川覆盖地球表面的地质时期，又称为冰川时期。地球上曾发生过多次冰期，最近一次是第四纪冰期。

两次冰期之间，有一段相对温暖的时期，称为间冰期。间冰期是适合地球上动植物和人类繁衍发展的大好时期，他们在洞穴里吃喝住行，遗留下了大量的遗迹，这给我们提供了宝贵的资料。

1856年，考古学者在德国尼安德特洞穴中找到了第一批人的骨头，由于是在尼安德特发现的，这种人被叫作尼安德特人，简称尼人。

其实第一次发现尼人头骨化石的地方并不是在这里。1848年，人们在直布罗陀附近的一个采石厂发掘出这种化石，只是当时没有引起注意。这个发现被人们忽视了近50年，幸亏有了第二次发现，直布罗陀才被人记住。

直布罗陀位于西班牙南部和非洲的西北部，是地中海通向大西洋的通道。20世纪初期，人们在这里的魔鬼塔遗址发现了

尼安德特人化石。经过系统发掘,这里出土了动物遗骸、石器及木炭灰烬,还有一个尼安德特幼童个体,包括上颌、下颌和头骨碎片。这些人类化石引起了科学家的兴趣,直布罗陀出名了,这个地方引来了许多考古学家。

通过挖掘和寻找,在直布罗陀海岸又发现了一系列的海边洞穴。在直布罗陀海峡东南部海岸,发现的有名的古洞遗址有两处——戈勒姆洞遗址和万古洞遗址,这里都保留有尼安德特人居住的化石证据。

尼安德特人

20世纪末,直布罗陀地区又开始了一系列新的考古发掘,在戈勒姆洞挖掘的第一期就发现了丰富的石器、骨骼和烧过的坚果、种子和木炭。

尼安德特人颅骨厚、骨质重,常弯腰、低头。他们不容易像现代人那样挺直身体,缺少下颏,也不会讲话,长得笨拙。他们的脑壳已经和我们的差不多大,归入人属是无可置疑的。

你可能会觉得这些类似野兽的人,正是朝着智人进化的链条上最末一节的"缺环",但其实不对。在最后一次冰期之前的间冰期,在同一地点还有另一种人与我们更为接近,他们被称为"准尼安德特人"。他们的形体具有许多他们近祖的特点,但在其他方面则与智人更为接近。

尼安德特人

准尼安德特人的骨骼介于尼安德特人和近代人之间,已在欧洲之外的许多遗址中被发现。他们后来演化成两支:一支与我们相像;另一支向粗笨和野蛮的方面发展,并发展成尼安德特人。

16 继续讲尼安德特人

我们继续讲欧洲的尼安德特人。

尼安德特人是非常著名的古人类，他们以家庭为单位，在欧洲这片土地上生息繁衍。

在英国的德文曾发现一条人工挖掘的壕沟，人们认为这是旧石器时代人用来捕象的陷阱。从洞穴中发现的动物的一些长骨头来看，尼安德特人捕到猎物后，会当场吃掉一部分，然后把带肉的大骨运回洞去，再吃光碎肉，并一点点地砸碎、劈开长骨，吃尽骨髓。他们在吃的方面运用了不少智慧。

尼安德特人可能使用武器与猛兽搏斗过，但由于他们战斗力低下，所以我们有理由怀疑，他们的食物很可能不是通过战斗得到的，而是用了别的办法。最可能的是，尼安德特人跟在兽群后面，等待它们捕猎的结果。当胜利者在失败者的尸体上吃饱离开后，那吃剩的血肉残骸就成为他们捡拾的战利品。捡拾腐肉是早期人类的食物来源之一。

尼安德特人会使用火。天气冷的时候，他们寻找洞穴藏身，并用火自卫和驱赶野兽。会使用火是特别重要的事。

在英国的那些分布着黏土和白垩的地方,人们找到过连接在一起的黄铁矿石和燧石。由此推测,他们最有效的取火方法是用黄铁矿石和燧石相互敲击。

尼安德特人很早就学会了利用兽皮。兽皮可以制衣,可以用来遮盖孩子,也可以铺在地上防潮防湿。尼安德特人还认识各种木材,并将这种知识运用到制作木器上。

他们大部分生活在洞穴中,把自己死去的同伴也掩埋在自己生活的洞穴里。埋葬使他们的尸骨免于被侵蚀、践踏或者散落,这也使得尼安德特人的尸骨更有可能变成化石。

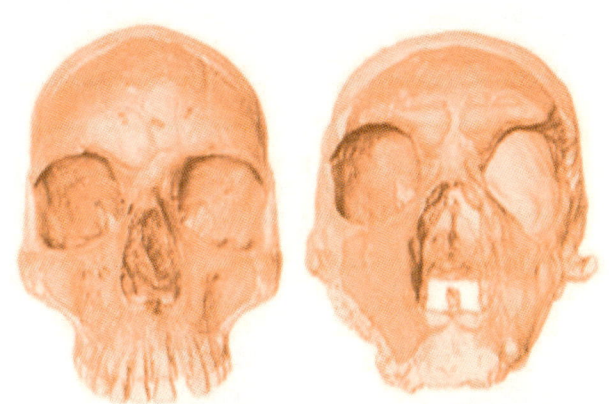

尼安德特人(左)和智人(右)的头骨

从发现的遗骨上看,尼安德特人在欧洲生活了几百年,也可能长达数千年了。而欧洲那时被冰雪覆盖,大部分处于积雪地带,气候寒冷。许多耐寒动物在长着耐寒植物的欧洲南部大草原上出没,它们随着植物的生长季节迁徙觅食,漂泊无定。春天来到北方,秋天回到南方。

尼安德特人的生活就是这样的。他们不断奔波，以适应气候的变化；又不断迁徙，以保全生命。

从他们的牙齿上可以看出，他们除捡拾猛兽相斗剩余的腐肉外，主要是吃素。其主要食物是嫩枝和根茎，偶尔捕捉到的小动物只是他们食物的补充。他们的牙齿大都是畸形的，这说明他们除了营养不足之外，还缺乏维生素D，毕竟北部地区很少能见到太阳。

研究还表明，他们同近代人一样习惯使用右手。他们的脑容量和我们的差不多，头部较为扁长和低平，有大而丰满的鼻子以及双拱形的眉骨。

尼安德特人假想图

现在我们关心的是——他们能在残酷的生存竞争中生存下来吗？

17 尼安德特人的消失和智人出现

尼安德特人繁衍生息了几万年，当第四冰期气候慢慢变暖的时候，在约2.5万年到5万年之前，欧洲产生了另一种类型的人。

他们是克罗马农人，是发音清晰、会说话，能够互相协作的动物。历经了许多个世纪的成长，克罗马农人在我们不清楚的环境里，具有了运用四肢的能力和使用语言的能力，脑容量大大增加。

克罗马农人从南方侵入了尼安德特人的世界，他们是在漫长的气候变暖的过程中，慢慢迁徙过来的。克罗马农人与尼人共同生活了几千年，他们在智力和能力上都已大大超过了尼人。他们不断扩大自己的活动范围，与尼人争猎同样的食物，甚至可能挑起了战争，最终他们把尼安德特人赶出洞穴和居住地，消灭了原有的居民。

这些新来者就是与我们有着同样血统的最初的真正的人。人种学者将这些新来的人类种族命名为智人。智人与近代人相差无几，他们的头骨、手、牙齿和颈项从解剖学上来看，都与近代人相同。

在克罗马农洞穴里,那些完整的骨骸是旧石器时代距今最近的人类。其中一个女性头盖骨的脑容量,已经超过了现代普通男人的平均水平。一个男性的骨架身长超过 6 英尺(1.83 米),体型与北美的印第安人非常相似。

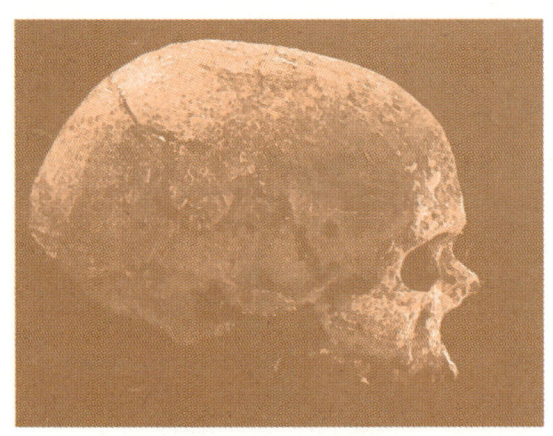

克罗马农人的头骨

因为这一时期人类最早的骨骸是在克罗马农洞穴里发现的,因此这些人被称为克罗马农人。除了克罗马农人的骨骸外,还发现了一种人类的骨骸,比克罗马农人早一些侵入欧洲,属于格里马第种族。他们在格里马第洞穴中留有遗迹,体态特征很像黑人。

我们发现,人类从一开始就至少已经分成两大种类了。前者可能是褐色人种,它们来自东方或北方,后者可能是黑色人种,可能来自赤道以南的热带。

格里马第种族的人将贝壳钻孔后串起来做成项链,在身上涂彩,在骨头和石头上画上图案。他们居住的洞穴的四壁和岩

石表面上，一些粗糙却很生动的动物壁画，就是他们的杰作。

这些原始人以狩猎为生，主要的狩猎工具是矛和石制品，多捕杀小型野马，也捕杀野牛。他们还不会建筑房屋，没有炊具，不懂耕作，不懂编织。

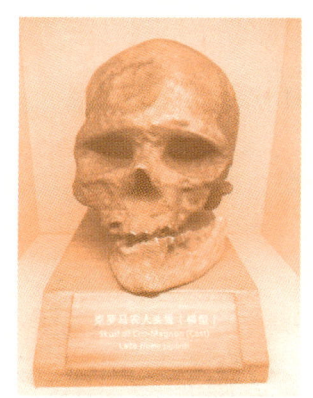

克罗马农人头骨模型

他们比尼安德特人更会制作器具，且可以做得更为小巧和精致。很多博物馆里都收藏着他们遗留下来的大量的器具、雕刻、壁画等。

这些在欧洲大陆上的最早的人类持续了大约100个世纪后，也如尼安德特人一样消亡了。

18 神奇的基因

化石是古人类学中的重要研究材料,但科学家团队最后确定尼安德特人在人类进化史上的位置是通过DNA。

1997年,在慕尼黑和宾夕法尼亚的实验室,科学家团队从1856年发掘出的尼安德特人的臂骨中,成功提取出DNA。对这些遗传物质的分析表明,3万年前灭绝的尼安德特人是一个单独的人类支系,甚至可以说是一个单独的物种。

DNA就是我们本节的主角。基因是具有遗传效应的DNA片段,支持着生命的基本构造和性能,储存着生命的种族、血型、孕育、生长、凋亡等过程的全部信息。生物体的生老病死等一切生命现象都与基因有关,它也是决定生命健康的内在因素。

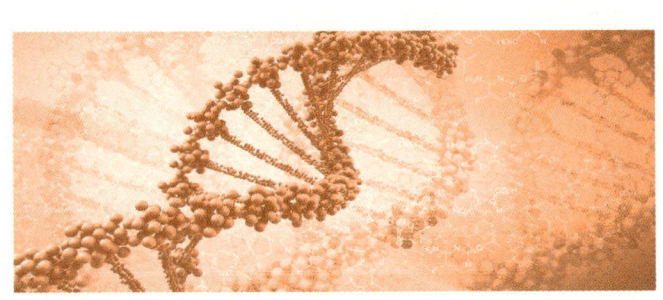

DNA片段

基因有两个特点：一是能忠实地复制自己，以保持生物的基本特征；二是会发生突变，突变绝大多数会导致疾病，此外还有小部分非致病突变。

由于DNA可以被复制，特别是当它从父母遗传到子女的时候，只要突变不会致命，那么这些突变也会被复制然后传递给下一代。所以可以通过DNA重构人类进化的信息。

有三种类型的DNA值得我们研究。

第一种DNA在细胞核内，构成常染色体。染色体是遗传物质的载体，存在于细胞核内。这类DNA来自父母双方遗传物质的重新组合，包含了构建我们身体的大部分信息。

第二种类型的DNA构成性染色体。人的染色体有23对46条，其中的22对叫常染色体，余下的一对叫性染色体。男性与女性的常染色体都是一样的，区别在于性染色体。男性的性染色体由一个X染色体和一个Y染色体组成，即XY，女性则由两条相同的X染色体组成，即XX。

这两种DNA都是核DNA，许多核DNA的研究结果都支持人类"走出非洲"的模型。不过，现有证据虽然表明我们的祖先可能都生活在非洲，但是涉及的具体区域仍然不清楚。

第三种类型是线粒体DNA（mtDNA），这种DNA存在于细胞核外，是一种微型细胞器，是人体细胞内的"能量工厂"。受精卵是新生儿的第一个细胞，mtDNA就由卵子传递给后代，而父亲的精子在受精过程中几乎没有甚至可以说完全没有提供mtDNA。这就意味着，mtDNA仅通过母亲遗传，只能用来追溯母系的进化历程，因为父亲的mtDNA不会遗传给他的下一代。

从mtDNA的祖先类型的地理分布来看，我们单一的共同祖先应该生活在非洲，自共同祖先以来所积累的突变表明，这一进化过程已经进行了20万年。因为共同的线粒体祖先必须是女性，于是诞生了著名的"线粒体夏娃"学说。这个结果为"走出非洲"的现代人类起源模型提供了强有力的支持。

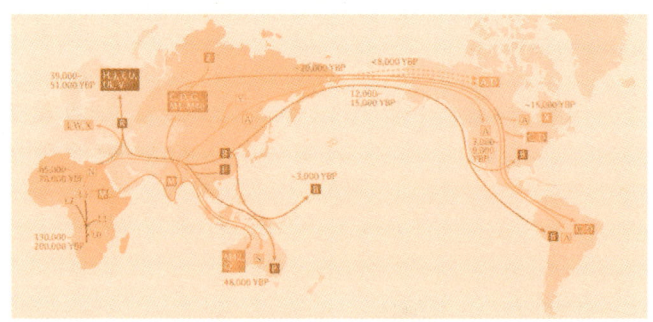

mtDNA揭示的人类起源

有研究表明，非洲发生过一次晚近时期的人口扩张，进而逐渐替换掉了其他地方的古人类和他们的mtDNA谱系。

19 尼安德特人的DNA

1997年,在慕尼黑和宾夕法尼亚的实验室工作的科学家团队的研究成果,为确定尼安德特人在人类进化树上的位置这一难题提供了解决方案。

很多人做过古DNA的提取工作,他们从恐龙、叶片化石或琥珀中保存的昆虫身上提取DNA时,都有这样或那样的问题。主要原因是许多科学家质疑脆弱的DNA分子能否保存数千万或者数百万年,而且它们有可能会受到大量近期的污染,提取出的古DNA的真实性有待证实。

这些污染包括来自实验室的空气,来自拿过化石或进行DNA提取的科研人员的皮屑等。但科研团队成功提取过已经灭绝物种的DNA,如猛犸和巨型地懒,又严谨地重复验证,不断反驳之前站不住脚的古DNA结果。

尼安德特人的DNA是在两个实验室独立提取的。研究团队进行了各种可能的测试,来排除近期特别是来自现代人DNA污染的可能性。这个科研团队第一次成功地获得了四十分之一的mtDNA全序列,之后又从化石中得到了更多的序列。

他们将尼安德特人的遗传序列与那些取自世界各地的约1000人的样本进行比较,还和与我们有最近的亲缘关系的黑猩猩的遗传序列进行比较。研究发现,尼安德特人的DNA非常接近现代人的序列,但二者仍然有着明显的不同。尼安德特人的DNA与来自各个大洲的现代人类的差异都很大。并且,结果显然没有支持尼安德特人与欧洲人有着特别的联系,以及他们是欧洲人祖先的假设。

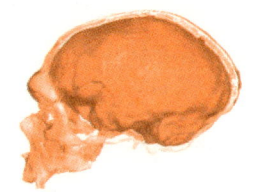 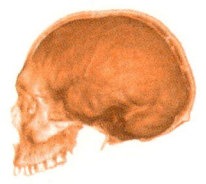

尼安德特人(左)与现代人类(右)的脑部形状示意图

研究人员可以通过现代人、尼安德特人以及黑猩猩的DNA序列的区别,来估算尼安德特人这一支系进化的时间深度。尽管尼安德特人的化石距今只有4万年之久,但他们与现代人却已经在进化上分开了50万年。

基因在群体物种分化之前就已经开始分化,但是这一时间比估算的20万—15万年前现代人mtDNA开始分化的时间还要长,这明确显示尼安德特人不可能是我们的祖先。

然而,这一结果并没有证明用于研究的这个个体是来自另一物种,因为他和现代人在mtDNA上的差异水平,是在现存灵长类的变异范围之内的。

这仅仅只是从一个尼安德特人化石上得到的一条序列,它真的能够成为解开尼安德特人命运的钥匙吗?

尼安德特人的mtDNA序列支持了一个观点,那就是现代人类是在晚近时期由非洲起源,并在仅有少量或没有基因交流的情况下完全替换掉了尼安德特人。

这种疑虑在更大规模的尼安德特人基因组项目中得到了完美的印证。科学家们从几个尼安德特人的化石中得到了其全基因组的大部分序列,这些序列还是与现代人类的区别很大,并且结论也支持尼安德特人在40万年前与现代人类分离的观点。

20 直立人的必然尝试

200万年前,人类有了石器工具,能人会制作工具是人猿进化史上的重要进步。

使用工具是直立人的必然尝试,从使用到制作工具,是一个漫长而自然的过程。

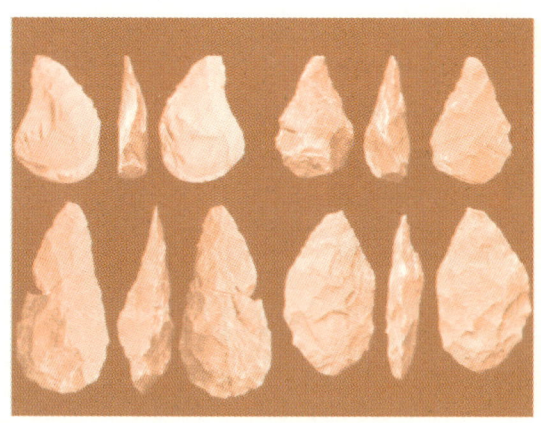

石器工具

与我们亲缘关系最近的黑猩猩,会用草茎制作工具掏白蚁,还会使用石头作为工具来处理食物。

南方古猿当然也可能是工具的使用者或工具的制造者,这其中可能包括来自南非和东非的粗壮型南方古猿,他们与早期人类一起生活在东非的奥杜威峡谷和库比福勒。东非考古记录中,近100万年的时间里,砾石工具持续出现,其他类型的工具也在160万年前出现在这里。

搜集一些圆润的卵石或砾石,用其他石块敲掉其表面的一些碎薄片,这应该是当时制作石器工具的基本方法。这些剥落的岩石薄片可以当作简单的刀具,使用其锋利的切面可以屠宰、刮削、分割猎物。一些未经加工的卵石,可以用来敲开骨头,也可以捶打块茎或砸开坚果和种子。田野考察发现,带有切痕的动物骨骼旁,经常有这些工具。

比较成熟成样的工具被称为手斧。在法国的圣阿舍利遗址中,曾发现了大量的手斧。它们似乎最早是由直立人制造的,随后是由海德堡人在博克斯格罗夫等遗址制造的,也由尼安德特人和现代人的祖先分别在欧洲和非洲制造过。

手斧

  手斧通常是杏仁或水滴状的，但有时也会打断而做成凿子状的切割刀。在非洲，手斧通常由火山岩制成，而在其他地方，它们则是用本地岩石如黑砂石或燧石来制作。一些科学家认为亚洲东部的古人可能用易腐的竹子制造工具而非用石头制造手斧。

  手斧对于在亚欧大陆西部的直立人及其后代来说无疑是非常重要的。它的形式在100万年间几乎没有变化，而其独特的形状，使其从南非到以色列，从英国到印度都能被轻易识别。

  手斧显然是一种多用途的工具，它一端尖锐而另一端是钝的，侧面可以用来切割和刮削。必要的时候，它还可以被用于制作新的锋利的石片。

人 类 来 了

21 旧石器时代

采集狩猎时代，整个社会都要依靠采集或狩猎的手段获取食物和其他必需品。

我们的祖先为获得食物，爬树攀山，寻找和追杀猎物。他们的身影出没在密林、草原和河流，有时也会被大型动物追杀，仓皇逃窜于大地……

我们称那个遥远时代为远古。严谨的科学家为我们提出了一个时间区段概念，把那个时代称为旧石器时代，把那时的人类称为采集狩猎者。他们只能进行采集狩猎，因为那时人们还没有学会种植庄稼和驯养牲畜。

所以，旧石器时代是以使用打制石器为标志的，人类物质文化发展的一个时间区阶段。

旧石器时代发生在上新世晚期至更新世，从距今约300万年前开始，延续到距今1万年左右结束。

在原始社会时期，自然条件极大地限制了人类的生产活动。他们在打造工具时，只能就近就地取材：从附近的河滩上，或者从熟悉的山岩边上捡拾石块，打制成合适的工具。

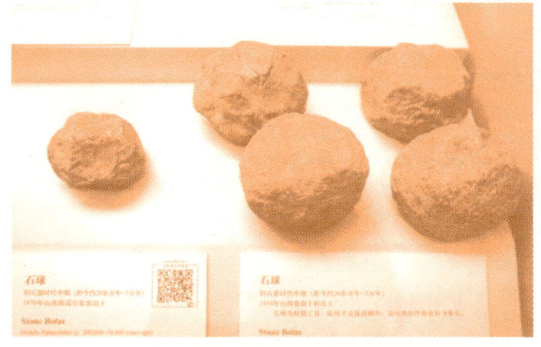

旧石器时代中期的石球

到了晚期,这种捡拾的方法便不能满足人们生产和生活上的要求。在不断的迁移中,人们的生活环境发生了改变,生产经验也逐渐有了丰富的积累,有了开采石料的本领。有了石料,就有了更广泛的选择。在有条件时,人们会开采适宜制造石器的原生岩层,用获得的石料制造石器。

那时,一些能够提供丰富原料的山地就成了石料开采场,经常有人不断地从周边来到这里开采石料。石器原料开采和比较固定的石器制造场的出现,是社会生产力发展的标志。

旧石器时代一般划分为三个时期,即旧石器时代早期、中期和晚期,大体上分别相当于人类进化的能人和直立人阶段、早期智人阶段、晚期智人阶段。

在世界范围内,旧石器时代的文化分布广泛,由于地域和时代不同,以及发展的不平衡性,这一时代各地区的文化面貌存在着相当大的差异。

旧石器时代工具的打制方法多为碰砧法:以较大的一块作为石砧,将较小块石料向较大的自然砾石石砧上碰击,碰下来

的石片经过第二步加工,即可作为工具使用。

此外,还有摔击法、投击法、锤击法、砸击法、间接打击法等,都是把重力传递到石料上,使石片剥落。当时的人们打制各种石器,有砍砸器、刮削器、尖状器、雕刻器、斧形器、镞形器、刀形器和石球状器等。

当然,石器时代并不代表这一时期的人类只会使用石器。人们还使用弓箭、长矛,这些都可用石器做锐器部分,再加其他材料辅助。

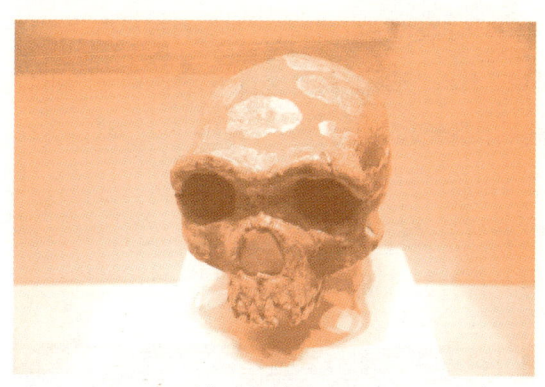

旧石器时代中期金牛山人的头骨

22 新的石器技术时代

大约30万年前,旧石器时代中期的初始阶段,新的技术产生了。这种技术是在制作石器之前,对凿削石器的石核进行精心处理,然后按照预期的形状切下石片。

新技术是旧石器时代中期最重要的技术革新,旧石器时代中期也是以此开启的。这种技术常被用来生产传统手斧,随后也被广泛用于欧洲、亚洲和非洲的石器制作。

旧石器时代中期的大三棱尖状器

在欧洲，旧石器时代中期的尼安德特人的技术也被称为"莫斯特"，是以它们最先被发掘出的遗址之一——法国莫斯特来命名的。

尼安德特人制作了各种各样的薄片型工具，例如我们所说的刮削器、刀等，但是由于时代太过遥远，我们无法确定这些工具是做什么用的。

在极少数尼安德特人的遗址里，还发现了部分木矛。尼安德特人将石制的尖状物安装在手持的木棒上制成短矛。在德国的一具大象的骨架中，人们发现了一个木矛的矛尖，这让我们联想到一次人类的猎杀活动。

旧石器时代中期的工具

当时的尼安德特人用木头制作其他工具，而用兽皮制成简单的衣服。他们似乎已经很少使用骨头、鹿角和象牙，即使这些材料在他们周边随处可见。

在尼安德特人的遗址中，还发现了一些天然颜料，例如黑

色的氧化锰，可能被用来涂抹物品或身体，但是尼安德特人没有产生自己的代表性艺术。

尼安德特人埋葬了死去的人。在欧洲和西亚的尼安德特人的遗址中，一些尼安德特人的骨骼从被发掘的情况来看，是被有意埋葬的。在中东的早期现代人，可能在更早的时候就已经开始埋葬死者了。远东地区在约7万年前也就是现代人类到达之前，没有埋葬死者的证据。

我们知道距今大约10万年前的现代人有着与尼安德特人非常相似的技术，但墓葬方式却显示出更多的行为复杂性。比如，一个斯库尔遗址的男性，被埋葬的时候手臂旁放了猪下颚；而卡夫扎的一个儿童则和一枚带鹿角的鹿头骨埋在一起。

北非的石器工具的制作技术跟尼安德特人的相似，而非洲其他地方的石器则更为多样。

非洲中部发现的石器工具被认为可能曾用于伐木；而非洲南部生产的细长石片器或石瓣器，与欧洲旧石器时代晚期的工具非常相似。非洲南部某些遗址中也有大量使用红色赭石以及骨器的证据，一些考古学家认为这是行为复杂性增加的标志。

人类来了

23 旧石器时代晚期

大约45000年前,非洲和中东地区的主要工具制造方法又有了一次长足的进步,而这种改变很快就传播到了其他地方,比如欧洲。

在旧石器时代的早期乃至中期,通常都是将一块石头制作成一件或者很少的几件工具。而这种新的方法,可以将一块石头制作成很多长条形的薄片。这种石片通常是用骨头或者鹿角较尖的那端从石头上凿下来的,然后人们再将这些石片加在成刀、刮刀、凿子之类的工具上。

旧石器时代晚期的细石核

这一时期，在欧洲和西亚被称为旧石器时代晚期，在非洲则被称为石器时代晚期。

由于石片的盛行，骨头、鹿角和象牙工具的制作水平也有了大幅度的提升，甚至还出现了黏土加工、绳子以及编织篮筐的痕迹。由几个部分组合而成的复合工具也变得越来越普遍，例如将鱼叉的尖端做成可拆卸的。

个人佩戴的饰品同样出现在了考古发掘中，例如在澳大利亚发现的贝壳项链、非洲发现的鸵鸟蛋壳做的珠子，以及欧洲的象牙吊坠。

还有一些更重要的证据证明了颜料在当时被广泛使用。那时的人们会将颜料涂画在物品上、洞穴的墙壁上，有时甚至是尸体上。

旧石器时代晚期的法国洞窟壁画

这种"创造风暴"在许多考古学家看来，标志着一种完全的现代人类的思维的出现。有证据表明，在南非的布隆波斯洞窟遗址中，在赭石上进行刻画的艺术表达形式，在距今大约7.5

人类来了

万年前的旧石器时代中期就出现了。

到旧石器时代晚期,人们聚居的营地通常变得更大,也更固定,而住宅变得更加复杂,出现了兽皮制作的帐篷,以及在无法取得木材的情况下,用大型动物的骨架造的房子。

采集食物的方法也变得多样了,发展出了船和渔猎,并且开始使用网、陷阱和陷坑来捕猎动物。

墓葬中陪葬品数量的区别,也说明在这一时期社会开始出现分化。在俄罗斯一个叫索米尔的考古遗址,一个男人和两个幼年孩子的骨骼上,发现了成千上万的象牙珠,这应该是在他们下葬的时候用来装饰衣服的。这些象牙珠需要耗费非常多的时间才能做成,这表明这两个孩子应该是重要人物(例如首领)的儿女。

合葬方式也变得越来越复杂,例如,在下维斯特尼采就发现了三个青少年的合葬墓。墓坑被精心布置过,有红色赭石粉和木桩之类的东西。

距今大约11500年前,旧石器时代晚期被中石器时代所替代。

24 奥杜威文化

在非洲发现了最早的人类化石和石器文化，非洲的旧石器时代在世界上占有重要地位，这里有世界人类发展各阶段的化石，年代完整，没有缺环。

发现于东非肯尼亚科比福拉的石器，是我们迄今所知最早的石器，距今约260万—200万年。

旧石器时代早期，在非洲存在两大石器文化传统，即奥杜威文化和阿舍利文化。本节我们来讲奥杜威文化，它是因坦桑尼亚的奥杜威峡谷而得名的。

20世纪30年代初，肯尼亚籍英国考古学家、古人类学家利基最先发现了奥杜威文化的石器。但直到1960年，才开始在这里进行系统的发掘考古活动。

经测定，奥杜威第1层的年代距今175万年，是迄今所知世界上最早的旧石器文化之一。在奥杜威遗址发现了10处奥杜威文化的遗址，其中5处是生活面遗址，2处是屠兽遗址。这表明奥杜威人在石器的帮助下，已经具有了较强的猎捕能力。此外，这10处遗址中，有7处发现了能人化石，因此一般认为能人是奥杜威文化的主人。

奥杜威遗址

奥杜威文化中的大型工具多由熔岩砾石制成，小型工具和石片则多用石英岩制成。其中，用途广泛的砾石砍斫器为这里文化的主要特征，是这里的典型器物，数量最多，占全部石器的一半多。砍斫器通常有拳头大小，使用者以砾石的自然面作为手握部分。砍斫器的刃口比较粗厚、曲折，从制作上看，多数为两面交互打击成型，但也有一小部分是从单面打击的。

此外，还有盘状器、多面体石器、手斧、石球、大型刮削器、小型刮削器和雕刻器等。这些石器虽然比较粗糙，但已具有一定的类型特征，表明奥杜威文化还不是最早的人类文化。

从石器类型得知，能人已经可以通过狩猎得到肉食，并且可能和跟踪猛兽捡拾兽尸的习惯同时存在。对牙齿过于坚韧的兽皮，他们用尖石片和熔岩块制造刮削器或切割工具来对付。

所有奥杜威文化的砍砸器和石片都是非常实用的工具，许多工具的形状很独特，像任意的人工制造品，而不像石器时代之后的工具那样标准化。虽然奥杜威文化的石器很容易与自然破碎的石块相混淆，但我们已知道，奥杜威人确实是制造石器的能手。

奥杜威遗址中出土的石器

人类来了

25 中国元谋猿人

　　1965年在中国云南省元谋县，中国学者钱方、浦余庆等到上那蚌村附近寻找化石。他们在蚌村以西约1千米的山沟里的一个土包下，发现了云南马的化石，接着又发现了两颗人类的门齿。

　　在这里发现的化石，随之以发现化石的元谋县命名，被命名为直立人元谋亚种，简称元谋直立人或元谋猿人，距今已有约170万年的历史。元谋人的发现，对于揭示人类演化和发展的历史具有重要的意义。

元谋人假想图

1973年10月，中国科学院古脊椎动物和古人类研究所在这一带组织了大规模发掘，在附近地层发现了人工打制的石器、炭屑和哺乳动物的化石。

对元谋人牙齿化石的研究发现，其齿冠保存完整，齿根末梢残缺，表面有碎小裂纹，裂纹中填有褐色黏土。这两枚牙齿很粗壮，呈铲形，切缘部分较为扩张，唇面比较平坦，舌面的模式非常复杂，具有明显的原始性质。

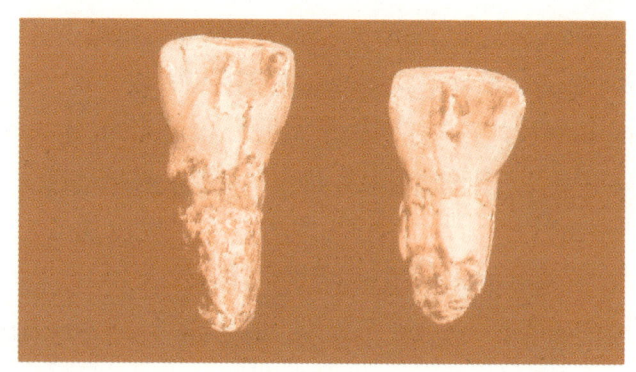

元谋人的牙齿化石

先后出土的石制品共7件，人工痕迹清晰。原料为脉石英，器型不大，有石核和刮削器。它们和人牙虽不居于同一水平面上，但层位大致相同，距离又不远，应是元谋人制作和使用的。

在同一地层中还发现了大量的炭屑和一些黑色的骨头。炭屑多掺杂在黏土和粉砂质黏土中，少量在砾石凸镜体里，并且在有炭屑的地方，都伴有动物化石，属共生哺乳动物化石，有40余种。而黑色的骨头经鉴定可能是被烧过的，研究者认为，这些是当时人类用火的痕迹。

这就说明，元谋人会用捶击法制造并修理石器，会制造刮削器和尖状器，且工具尺寸不大。更重要的是，元谋人不仅会使用自己制造的工具从事狩猎及采集活动，而且还学会了用火，烤食他们所获取的猎物，开始摆脱了茹毛饮血的时代。

这些都证明了元谋人当时是可以自己生火、简单制造一些生活用品的人类。

对所发现的石器的研究，表明元谋人所处时期为旧石器时代早期。但遗传学家发现，在中国境内人类化石年谱里，存在着距今10万至5万年间人类化石的缺失。这一时期，正是现在人类诞生的关键时期。

遗传学家解释说，生活于东南亚、东亚的直立人和早期智人，在最近一次冰川期的恶劣气候中灭绝了。

体质人类学家的研究结果也支持了遗传学家的观点，来自中国境内36个不同地区的5个时期（早期智人、晚期智人、新石器时代人、青铜时代人和现代人）的16个颅骨测量结果显示，早期智人和晚期智人在体质特征上存在不连续演化。

这一结果暗示我们，中国境内的晚期智人，并不源自中国境内的早期智人。中国晚期智人来自非洲。

 26 中国蓝田猿人

1964年发现于陕西省蓝田县公王岭的蓝田人,其生活年代在距今115万年前到110万年前。

蓝田人

蓝田猿人,学名为"直立人蓝田亚种",旧石器时代早期人类,考古学家因而把蓝田人分类为"早期直立人",把北京人分类为"晚期直立人"。蓝田人的容貌更似猿猴,智力和四肢也比不上北京人发达。

人类来了

1963年夏天，中国科学院古脊椎动物与古人类研究所的一支考察队来到蓝田县，寻找新的化石。在这次考察中，他们根据群众提供的线索，在县城西北十多千米的陈家窝泄湖镇附近一条冲沟的陡崖上，意外地挖到了一具直立人的下颌骨化石，在形态上和周口店发现的北京猿人的下颌骨基本是一致的。他们以捕猎野兽，采集果实、种子和块茎等为食物。

1964年，科考队在当地农民的指引下，来到灞河对岸的公王岭上，结果在悬崖断壁上发现了许多露头化石。经过一连三天小规模试掘，挖到了不少化石，里面有牛、马、鹿、猪、熊和貘等十多种动物，公王岭化石就这样被发现了。公王岭化石是亚洲北部迄今发现的最古老的直立人化石。

1965至1966年，在大规模发掘中，在公王岭又发现一些石制品及动物化石。

公王岭含有人类化石的红色土层中还发掘出了旧石器时代人类使用的生产工具。石器共13件，其中直刃刮削器1件，石片4件，石核7件，有使用痕迹的石片1件，若加上周围地区中更新世地层中出土和采集的共200余件。这些石制品由于地层相当，制作技术差别不大，暂被看作是蓝田猿人的文化遗物，主要有石核、石片、砍砸器、刮削器、大尖状器及石球。刮削器有直刃、凹刃、凸刃和复刃四种形式，用于刮削木制工具和剥取兽皮。石器制作粗糙原始，其中，三棱大尖状器与华北地区的西侯度和丁村等遗址出土的相似。另外，在公王岭化石层里还发现了几处灰烬和炭屑。

考古学家研究表明，蓝田人前额低平且较宽，眉骨粗壮隆

起，骨壁较厚，眼眶略方，嘴部前伸。蓝田人比后来的北京人大脑容量要小一些，基本和印度尼西亚爪哇人的相当。

蓝田人模型

黄万波研究员正是当年蓝田人的发现者。他说，蓝田人虽然在陕西蓝田被发现，但其故乡却不在西安，而在秦岭以南，因为那里的地质构造是黄土，根本不适合原始人类居住。蓝田人是在某一个时期气候变暖后，从三峡地区迁移过去的。

人类来了

27 塔斯马尼亚人的灭绝

远古猿人灭绝的原因多是因为最后一次冰川期的严寒，但躲过灾难生存下来的人种，还要面临新的生存挑战。

大约6万至5万年前，迁移到澳大利亚的新石器非洲人成为澳大利亚东南部塔斯马尼亚岛的土著居民，所以被称作塔斯马尼亚人。他们是最后扩展到整个澳大利亚大陆的人群的一支。

塔斯马尼亚人

他们成功度过冰期的寒冷干燥气候，那时澳大利亚、塔斯马尼亚、巴布亚新几内亚还是连接在一起的大陆。

最终在约1万年前,随着气温逐渐升高,冰川融化,海平面逐渐上升,塔斯马尼亚岛与澳大利亚大陆之间形成了巴斯海峡,分离开来。由于缺乏渡过海峡的工具,这些土著居民和地球上的其他人类完全隔绝了,从此生活在采集狩猎时代,在这个与世隔绝的岛屿上,一代又一代地繁衍生息。

他们身材较矮,讲一种难懂的语言,以猎取海陆哺乳动物及采集贝壳类动物和植物为生,几个部落划定边界各占一处狩猎地区。在温暖的月份,他们15—50人一伙,成群或举家迁往内地开阔的森林和沼地,寒冷季节再迁回沿海地区。

他们会制作木矛、棍棒(大头棒或飞镖)、石片工具和其他武器。此外,还制作兽骨器具、篮子和沿海航行用的树皮舟。

塔斯马尼亚人当时的社会处于原始公社制的早期阶段,实行氏族外婚制,但仍保留群婚残余,按母系传谱。他们使用石、木、贝制工具,过着漂泊不定的生活。

1642年,荷兰航海家塔斯曼无意中发现了与澳洲大陆隔海相望的塔斯马尼亚岛。他发现那里的人还处在旧石器阶段。塔斯马尼亚人与我们属于同一人种,但是生活在缺少刺激的环境里,远离了其他竞争者或能够学习的人群,他们在绝大多数人类兄弟中落伍了。

塔斯马尼亚土著的技术极其原始,他们只会制作粗糙的石器,用削尖的木棍制成长矛。他们以血缘为纽带,几十人或十几人生活在一起,没有私有观念,也没有"战争"的概念。

1770年,英国人宣布这块土地为他们所有,并在此建立了第一个永久性居民区。当时的英国人没有把塔斯马尼亚土著当作人类看待，而认为他们是低于人类的一种生物，所以残忍地对待他们。这些人侵夺塔斯马尼亚人的猎场，断绝他们的食物来源，袭击妇女，杀戮男人。

面对这苦难的生活，很多土著居民绝望了，幸存的人最后干脆不再生孩子，以免孩子到这个世界受苦。一些土著居民在非常时刻还会杀死自己的孩子。这些行为使土著人口数量又大幅减少。1831—1835年间，塔斯马尼亚人为了避免全部灭绝和侵略者达成和解，大约200名幸存者被迁移到弗林德斯岛，在这片沼泽与荒原中自生自灭。

塔斯马尼亚最后一个纯血统的土著女人叫楚格尼尼，死于1876年。白人成为塔斯马尼亚岛上的新居民——士兵和囚犯，还有移民的后代成为这里新的主人。

楚格尼尼

目前，塔斯马尼亚岛上仍然有数千名具有塔斯马尼亚土著血统的混血后代，但是他们在外观上已经看不出土著居民的特征，而且其原有的文化习俗和语言也几乎全部失传。

28 喉的位置让人清晰发音

人类是地球上唯一会说话的动物,语言使我们能互相交流信息,表达我们的观点,抒发情感。

其他动物没有接近于人类语言的东西,与我们关系最密切的黑猩猩,在野生状态下,也只能用手势和叫声来传达信息。

黑猩猩

发音清晰的语言,在人类进化过程中是非常重要的,呜噜呜噜的喉声,必不能形成语言。

人类是怎样改变了模糊不清的发音，而开始讲话的呢？

清楚地认识一项事物的能力，在人的实践活动变得丰富、脑容量增加的情况下，便已形成。人类学家用内模，即头颅内部逼真的模型，测量出原始人的大脑容量已经非常接近现代人。在各种脑神经活动中，大脑对万物图画式的认知，需要找到符号式的表达。

语言可以来执行这一任务，但语言要由人的发音器官来实现。喉是呼吸器官的一部分，内有声带，又是发音器官。专家研究了包括人类在内的各种哺乳动物喉的位置，发现除了成年人类以外，所有哺乳动物的喉都处于颈部的高处，这个位置使喉与鼻腔后部相连，咽腔部分很小或不存在，这就限制了发声。

猴、猫这些动物，在吞咽的同时也可以呼吸，咽部——食物通道的空腔可以产生声音，但使用咽腔改变声音的各种可能性消失。所以，动物只能用嘴来改变声音，这样就不可能有产生清晰发音的语言音域。

人类大约在18个月至两岁之前，喉处于颈部的高处，与其他哺乳动物相似，但在两岁左右，喉就开始下降至颈部第四和第七颈椎之间。这个变化，让孩童呼吸、说话和吞咽的方式发生了很大的变化。

成年人的呼吸和吞咽是分开进行的，当食物进入气管时，人就会窒息。这样，一个在声带上部扩大了的咽腔，能以无数种方式改变声带所发出的声音，这是人类讲话的关键。

大多数哺乳动物，都有扁平的颅底和位置高的喉，但人类有一个弓形的颅底和位置低的喉，就有了在声带上部扩大了的

咽腔。

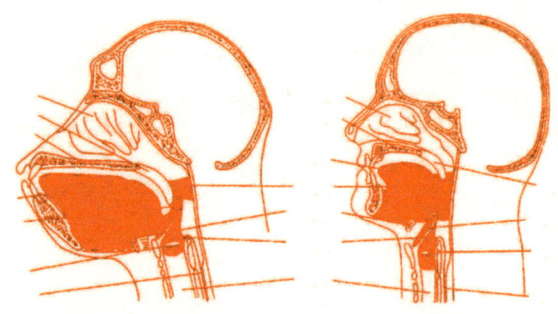

猿人与人类的对比

喉的位置和咽腔决定了语言的清晰与否。研究人员发现，400万年前的南方古猿有扁平的颅底和位置高的喉，而那些年代为150万年前或稍晚的直立人，其颅底显得比前者弯曲得多，这意味着喉的位置在逐渐降低。

大约在30万年前，原始人的颅底已呈现出与现代人相同的弓状，这使得音节分明的语言得到了发展。

语言的发展在原始人的阶段形成得相对晚些，但它的重要性是不可低估的。语言的真正价值，是刺激了大脑的发展。此外，它比一般叫声和姿势所能表达的意义更加微妙，能够表达丰富的感情及其细微差别。

语言是人类和动物的真正分野。我们可以相信，最初的人类交流要比非人灵长类动物多，发音清晰的语言出现，促进了文化的更新。

人类来了

29 原始人的语言

我们已经知道了,用语言进行交流,是人类区别于其他动物的最根本特征,就如我们常说的,语言是人类用来交流的工具。

语言就是我们说的话。原始人学会说话的过程是很漫长的,他们在清晰发音之前,也曾像动物一样呜噜呜噜地表达。他们能看明白事物,能模仿,会打手势、会笑、会跳舞。

那么,他们为什么还要发声?

一定程度上是源于恐惧,他们恐惧很多事物。比如天黑了、暴风雷雨来了、出现了猛禽怪兽,甚至是梦见的一些东西,对他们来说都是威胁。他们会做出反应,避免受到伤害。他们对待一棵碰伤自己的树木,会报以用脚狠踹。他们在一些含混的发音中,会先下意识做出惊叹的表达。在群落之中,就有了这样惊叹的共同反应。

原始人的语言,就是这样产生的。

各种音节的出现,丰富、促进了语言的产生。不论他们在吃饭、打猎,还是在交换食物、猎物的时候,都需要交流。这种交流的方式可能会包括打架、吼骂，但意义明确的语言效果最好。人的口语交流也伴随争斗，促成了人的理解，结成不同部族的联盟。

原始人的生活场景模拟图

动物也有简单的发音能力。很多鸟类、动物和鲸鱼都能靠发音进行沟通，甚至青蛙和昆虫也可以做到通过声音沟通，但这些不是语言。科学研究证实，黑猩猩即便经过训练，最多也只能表达一到两个单词。

所以，旧石器初期的人，他们所用的词，一些是由于惊恐或激动而发出来的声音，最早的语言应该是少数惊叹词和名词的组合。

旧石器时期的人或许用声调或姿态来表示一个词，代表"马"或"熊"，表示"熊来了""熊走了""熊来过这里"等等。人类用语言方式来表达对象、行为和关系，要经过漫长的时间才逐渐完善成熟。

最初的语言只有几百个词。最早人们对语言的依赖也并不是很强,他们更愿意通过舞蹈和表演来交流,同时他们计数的能力也很差。

关于人类语言起源的问题,说法很多。有人认为人类语言最初是来自模仿,模仿各种大自然的声音而来。有理论推定最初的语言是对惊讶、愤怒、恐惧的表达,如一些感叹词,通常不是很愉悦的情绪反应。有理论则认为,语言起源于有语音伴随的手势。举例来说,我们看到美味可口的食物时,会作出抚摩肚皮和舔嘴唇等动作,口中同时发出声音。还有一种理论认为最初语音和意义是随意结合的,经过不断地重复使用,音义之间形成了固定的非随意联系。

原始人的狩猎场景模拟图

总之,语言的产生,使人类族群有了最有效力的协调合作手段,族群的协调合作使人类逐渐占据了食物链顶端。

30 世界七大语系

目前地球上已知的活跃语言有7000余种,在不断发现新的语言的同时,语言学家们也在探寻着这些语言之间的历史关联。

19世纪,欧洲的比较学派研究了世界上近一百种语言,发现有些语言的某些语音、词汇、语法规则之间有对应关系,他们便把这些语言归为一类,称为同族语言;由于有的族与族之间又有些对应关系,又将其归在一起,称为同系语言,这就是所谓语言间的谱系关系。

全世界现有七大语系,即印欧语系、汉藏语系、阿尔泰语系、闪含语系、德拉维达语系、高加索语系和乌拉尔语系。当然全球语言的语系远不止七种,我们常说的七大语系是在众多语系中选出的相对语种较多、活跃度较强且在社会语言学上来讲比较显著的语系。

其中印欧语系是最大的语系,下分印度、伊朗、日耳曼、罗曼、斯拉夫、波罗的海等语族。

汉藏语系下分汉语和藏缅、壮侗、苗瑶等语族,包括汉语、藏语、缅甸语、克伦语、壮语、苗语、瑶语等。

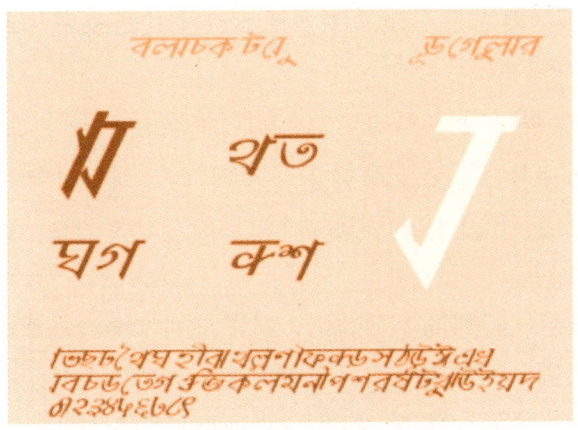

印欧语系印度语族的孟加拉语

阿尔泰语系下分突厥、蒙古、通古斯三个语族。

闪含语系又称亚非语系,下分闪语族和含语族。前者包括阿拉伯语、希伯来语等,后者包括古埃及语、豪萨语等。

印度南部的语言都属于德拉维达语系,包括泰卢固语、泰米尔语、比哈尔语、马拉亚兰语等。

高加索语系语言分布在高加索一带,主要包括格鲁吉亚语、车臣语等。

乌拉尔语系下分芬兰语族和乌戈尔语族,前者包括芬兰语、爱沙尼亚语等,后者包括匈牙利语、曼西语等。

需要指出的是,世界上有些语言从谱系上看,不属于任何语系。

有争议的是日语。一般认为日语属于阿尔泰语系,因为日语与阿尔泰语系有众多的关联性,比如日语是黏着语,而阿尔泰语系下几乎所有语言都是黏着语。此外,日语的语法、语序等也与阿尔泰语系下属的诸多语言（尤其是蒙古和通古斯语族）有许多的联系。

不过问题在于，日语与所有的阿尔泰语言之间有巨大的隔阂，即日语与它们之间有极少的同源词。这就足以说明问题，因为根据语言发生学语言同源理论，语言分类的唯一标准就是同源词。

如果是从同源词上看的话，日语与阿尔泰语系诸语言有较少的同源词，却和南岛语系有着大量的同源词。甚至有一些语言学家认为日语与彝语之间有一定的联系，而彝语是汉藏语系内的一门语言。此外，汉藏语系中的汉语对日语的影响是巨大的，日语中至今仍然在使用的汉字就是有力证明。

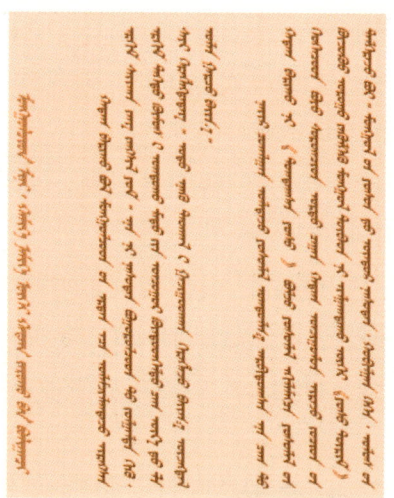

阿尔泰语系蒙古语族的蒙古语

人类来了

31 汉藏语系

按使用人数计算,汉藏语系是仅次于印欧语系的第二大语系,是用汉语和藏语的名称概括与其有亲属关系的语系,分为藏缅语族和汉语族,是四百多个语种的统称。

中国为该语系语言使用人数最多的国家,大多数民族为汉藏语系民族。在中国,汉藏语系一般分为四个语族,即汉语语族、壮侗语族、苗瑶语族和藏缅语族。

关于汉藏语系的分类和归属问题,学界争论不休,很多学者认为根本没有"藏缅语族"这个语族,因为汉语在汉藏谱系树的地位可能比较接近藏语,反而汉语和缅甸语或者羌语的关系没有那么密切。

汉藏语系的语种及分类历来说法不一,比较通行的有以下两种分类法。

一种是分为汉语语族、藏缅语族、苗瑶语族、壮侗语族（或称侗台语族、侗泰语族、台语族等）。最早提出这一分类法的是李方桂,他在1973年发表的论文中仍坚持这个分类法。20世纪50年代以来,中国学者大都认为壮侗语族、苗瑶语族同汉

语语族、藏缅语族不仅在现状上有许多共同的特点，而且存在发生学上的关系，应属同一语系。

另一种分类法以美国学者怀特·保罗为代表，他把汉藏语系分为汉语和藏—克伦语两大类，又在藏—克伦语下面分藏缅语和克伦语两类。他认为苗瑶语族、壮侗语族同汉语语族不存在发生学上的关系，其相同或相似之处或来自相互借用，或来自类型学上的一致。他还认为苗瑶语族和壮侗语族在发生学上同印度尼西亚语有密切关系，应属同一语系，称澳泰语系，并举出一些壮侗语族同汉语不同源但同印尼语同源的词，以此证明其论点。

以上两种不同分类法分歧的焦点在于：苗瑶语族、壮侗语族同汉语语族之间相同或相似之处是发生学上的同源关系，还是类型学上的一致或是借用关系。

由于社会和语言发展过程中的种种因素，在语言和民族的关系上出现许多复杂的情况。多数情况是一个民族使用一种语言，但也有一个民族使用两种或三种语言的。

如瑶族使用三种语言：瑶语支的勉语、苗语支的布努语和壮侗语族侗水语支的拉珈语。景颇族使用两种分属不同语支的语言：景颇语支的景颇语和缅语支的载瓦语。藏族除使用藏语外，有一部分还使用嘉戎语。还有一种特殊现象：居住在海南岛的苗族，不说苗语而说瑶语。

汉语是用象形、会意字写出来的，不像印欧系语言是用纯粹的字母写出来的。而且汉语的语法与英语语法有本质上的不同，并不是没有语法。

很多人所认为的语法，仅是指像欧洲语言那样的词尾变化，汉语确实是没有词尾变化的。如果仅指这点，应该说汉语不具有西方语言那样的语法，而有独自的语言规律。欧洲语言有时态之分，中国的"着""了""过"就是时态。

由此，汉语的哲学对于欧洲人而言是不容易理解的。中西方用来表达思想的语言的方式和性质不同，但中文是最简洁的，联合国同样的文件，其中最薄的那本肯定是中文翻译稿。

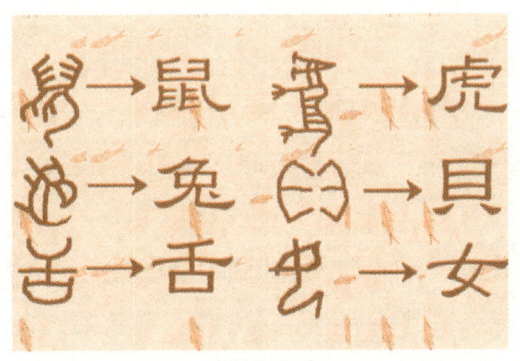

汉字的演变

32 中国旧石器时代的文化分布

距今100万年前的旧石器文化有西侯度文化、元谋文化、匼河文化、蓝田文化以及东谷坨文化。距今100万年以后的遗址更多,北方有北京周口店遗址,南方则以贵州黔西的观音洞遗址为代表。

中国旧石器时代中期文化可用山西襄汾发现的丁村文化为代表。旧石器时代晚期遗址数量增多,其重要代表有萨拉乌苏遗址、峙峪遗址、小南海遗址、山顶洞遗址等。宁夏回族自治区灵武县的水洞沟文化则与西方同期文化有较多的相似处。

距今约十至二三万年前的旧石器时代中、晚期,相当于地质史上的晚更新世,此时中国大陆的气候比较干燥寒冷,西北高原及华北大地堆积了厚厚的黄土,人类的经济活动逐渐活跃。这段时期,地质学家称之为黄土时期,人类学家称之为智人阶段的旧石器时代中晚期。氏族组织已广泛分布在黄河流域、长江流域、东北地区和华南地区,人们在各地不同的生产实践中改进工具,发明了摩擦取火,从而促进了原始经济的发展。

旧石器时代中期,打制石器的技术比早期进步了,山西省襄汾县南的丁村人的石器已有更多的类型。遗址中出土的各式砍砸器、刮削器、三棱大尖状器和石球等,有的形制已相当规整,说明了石器功能已经分化。

丁村遗址挖掘现场

与丁村人相比,山西阳高和河北阳原交界的许家窑人的狩猎技术水平更高一些。许家窑人生活在距今4万年前,他们的狩猎经济代表了当时的较高水平。从出土的石器来看,他们不仅会从打制的石核台面周围边缘敲剥石片,而且制作出了更多小型的尖状器、雕刻器、小石钻和小型砍砸器。一种龟背状刮削器和短身圆头刮削器,其刃缘经过仔细加工,已初步开创了细

石器工艺技术的风格,代表了旧石器文化的进步因素。

距今二三万年前,是中国旧石器时代的晚期,以采集为主、狩猎为辅的原始经济在各地有了更快的发展。从重要遗址峙峪、小南海、虎头梁等遗址所发现的石器和遗迹来看,当时的生产水平不断进步和提高。

1960年第一次发掘小南海洞穴时,10平方米范围内出土石制品达7000多件,可见当时石器制造业已有相当规模。1963年发掘的山西峙峪遗址,距今28000年,仅石器材料就多达15000余件,出土了石箭头和钺形小石刀之类的复合工具。

在河北阳原的虎头梁遗址,考古工作者清理出三处篝火遗迹。灰烬中有烧过的兽骨和鸵鸟蛋皮,周围散布着大量石片、石屑和用作石砧的大块砾石,这里显然是一个狩猎者的宿营地。

如今的虎头梁

人类来了

33 古老的巴斯克方言群

很多原始的语言群消失了,但我们今天还可以看到一些奇怪的语言,它们和其他语言没有什么关系,其中引起争议最大的就是巴斯克方言群。

巴斯克人主要生活在比利牛斯山脉,其余分布在法国及拉丁美洲各国。在欧洲的巴斯克人大约共有70万人,他们现存的语言是极其发达的,在阿根廷和美国都有巴斯克文报纸供众多的移民阅读。

巴斯克人

巴斯克人的语言独特,语法复杂异常,外族人难以掌握。

更要命的是,巴斯克语方言系统也极其庞杂,多达25种,仅官方承认的就有8种。一村之遥,甚至一屋之隔,说话就不一样。大部分学者将古老的巴斯克语归类为孤立语言。

在罗马人将拉丁语带到伊比利亚半岛以前,巴斯克语已经有很长的使用历史了。根据考古出土的文物,可找到罗马文化融入之前,使用古代字母铭刻在器皿上的巴斯克语,还有中世纪使用其他字母书写巴斯克语的记录。由于长期与相邻民族交流融合,巴斯克语中既有大量罗曼诸语的借词,又有不少古拉丁语,但印欧语借词极少,是目前欧洲少数不属于印欧语系的语言之一。

巴斯克语言的起源问题至今仍令语言学家们迷惑不解,有人甚至认为它是"上帝的语言"。

有学者认为巴斯克语与含米特语有很近的关系,有学者发现巴斯克语与在高加索山脉中某种停滞了的古代遗留下来的语言很相似;更多学者认为它是曾经在某个时期广泛分布的前含米特语群的最后残留,只是已发生了极大的改变。

巴斯克民族的祖先是欧洲远古时代的居民。巴斯克人面孔狭长,鼻子高挺,肤色微黑,身材中等。一些学者的研究表明,他们根本就不属于印欧人种,在血缘关系上与相邻的西班牙人、法国人及其他欧洲人没有丝毫联系。

他们来历不明,家世复杂。有些人类学家认为,古埃及人、腓尼基人、利古里亚人、印第安人、因纽特人等二十几个民族都可能是他们的祖先;也有人认为巴斯克人是神秘地消失在大海中的大西洲居民的后代;还有人认为他们可能与古代伊比利亚人、北非柏柏尔人、高加索人有血缘关系。总之，争论很多。

不过，巴斯克人是欧洲最古老的民族，这一点是毋庸置疑的，早已被考古发现所证实。在巴斯克人居住区，考古学家发现了旧石器时代晚期珍贵的巴斯克人种的头盖骨。

巴斯克传统舞蹈

生物学家发现，人类遗传多样性是以非洲某地作为中心向外逐渐降低的，而非洲是现代人类的发源地。音素多样性的分布规律与人类遗传多样性类似，这并不是偶然的，而是人类语言起源于非洲的有力证据。

34 走出非洲（1）到达澳大利亚

起源于东非大裂谷的现代人用了6万年的时间，经历了数次大迁移，终于到达了世界各地，开始享受不同环境的生活。

不同的人

东非大裂谷的北面是撒哈拉大沙漠，东西南三面都被大洋环绕。起初，这里的人类仅仅在非洲本地扩散。往南，他们走到了大陆的尽头，到达了今天的南非；向北，他们跨越撒哈拉沙漠，到达了现在的以色列。

大约12万年前，当时撒哈拉沙漠有河流、湖泊和湿地，地面

人类来了

上还覆盖着许多植被,不同于现在的气候,是动物喜欢的栖息地。人类跟随动物,一步步向北迁移,有些人就到达了以色列。

但是,这些人类在那里只生活了几万年,没有任何证据表明人类一直在此繁衍生息,或者继续迁移。最早的尝试者的故事没有后续,再无发现。人类第一次从北方走出非洲的冒险就这样不了了之。

大约6万年前,气候骤变,大地一片干枯,植物消失,动物纷纷迁移。人类的食物来源越来越少,无奈之下,人类不得已只能走出非洲,走向世界。

这时,有一小群人类离开了非洲大陆,据科学家们估计最多不超过几百人,他们成为第一批走出非洲的先驱者。他们沿着一条古老的道路,路线是12万—8万年前的老路:从尼罗河谷经西奈半岛到达以色列地区,进入中东。

另一条路线是海路。第一批人类走出非洲后,一直沿着非洲海岸、南亚海岸和东南亚海岸前行,到达的最远的终点是今天的澳大利亚。整个澳大利亚地区没有猴子,没有猿人,人类是这里唯一的灵长目动物。所以毫无疑问,澳大利亚的土著必定是从其他地方迁移来的。

那么人类是如何经历漫长而又艰险的旅程,来到澳洲大陆的呢?澳洲不但比欧洲距离非洲更远,中间还隔着印度洋,旅程如此遥远,完全可以想象出其中的艰难。即便在2万年前最寒冷的时期,澳大利亚与其他东南亚陆地之间,也相隔着大约50千米—100千米的海岸。

如果人类只能航海而来,那么他们是什么时候,又是怎样

来的呢?

在冰期，大量的水成为冰川、冰盖、冰原，改变了地表水分的分布，当时的海平面比现在低100米以上。也就是说，当时日本四岛连在一起并与朝鲜半岛相连，印尼千岛连在一起并与澳洲大陆相连，而红海最窄的地方甚至可以用肉眼看到对岸。人类沿着"海上高速公路"，即阿拉伯半岛、印度次大陆和印尼的海岸线，最终到达了澳洲大陆。而冰期结束后，海平面上升，淹没了绝大部分史前人类的旅程足迹。

古代人类生活场景模拟图

人 类 来 了

35 走出非洲（2）基因标明的迁移路线

  非洲是横跨赤道面积最大的大陆，百分之八十五的土地面积处于热带。非洲原来不在现在的位置，大陆板块的漂移运动使得孤立的非洲撞上了欧亚大陆。大约1500万年以前，非洲与欧亚大陆连在一起之后，第一批猿类开始走出非洲。

  大约15万年前，冰期导致非洲气候变得干旱，东部的热带雨林和草原逐渐变成大沙漠和草原。与此同时，多雨的沿海草原没有变化，于是人类逐渐向沿海聚集。第一波人类大迁移发生在古代的沿海。

冰期

考古学家曾在非洲东部的厄立特里亚发现了大约 12.5 万年前的大量垃圾和其他废弃物,既有被屠杀的犀牛和大象的遗骨,也包括很多贝壳,还混杂着人类制作的各种石器,这些证据证明,人类曾在这里开发过海洋资源。非洲南部的人类同样开发了海洋资源,所使用的石器工具也非常相似。

人类好像一棵大树,树根在非洲,树干在非洲,绝大多数支干也在非洲,只有几个支干伸出非洲,并且继续发展、繁衍,成为遍布世界各地的形形色色的群体。

树根在约 20 万—15 万年前开始生长,便有了"Y 染色体亚当"和"线粒体夏娃"。"亚当"这棵大树只有一个分支伸出非洲,是绝大多数欧亚人的祖先,又被称为"欧亚亚当",因 Y 染色体上的一次随机突变而被命名为 M168。M168 出现在大约 7.9 万—3.1 万年前。现在,非洲以外的每一个非非洲人的男人身体里都可以找到这个突变基因 M168。

陪伴这个"欧亚亚当"的是一位"欧亚夏娃",这是一个非洲女人的线粒体 DNA 上的一次随机突变,被命名为 L3。这次突变出现在大约 6 万—5 万年前,现在,非洲以外的每一个非非洲人的女人身体里都可以找到这个突变基因 L3。

M168 和 L3 最可能的发生位置是在非洲东北的埃塞俄比亚、苏丹、肯尼亚的东非大裂谷地区。

"欧亚夏娃"诞生了突变基因 L3,L3 诞生了另一个突变基因 M,M 从非洲来到了澳大利亚。当然,来到澳大利亚的人类并非全部是女性,"亚当"的后裔也来了。"欧亚亚当"M168 诞生了 M130,M130 的迁移路线与 M 的迁移路线重合,最终也来到了澳大利亚。

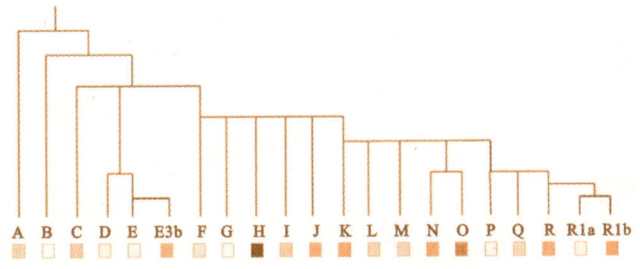

现代人Y染色体谱系,图中的C就是M130

其他灭绝的类人猿或直立人都没能渡过海洋,只有智人具备渡过海洋的能力。当时非洲人的确是沿着海岸线走到澳大利亚的。虽然印度沿岸的证据沉睡在深深的海底,斯里兰卡的一个山洞里却出土了大量旧石器时代的石器,证实了远古沿"海上高速公路"迁移确实存在。

"Y染色体亚当"的后裔只有三个:M91、M60和M168。其中M91和M60的后裔始终全部留在非洲,即单倍群A和单倍群B,只有M168的后裔走出了非洲,成为世界上所有非非洲人的祖先。

M168的重要后裔也有三个:M130、YAP和M89。约6万年前,第一个走出非洲的人是M130。一部分M130沿着"海上高速公路"从非洲一直走到澳大利亚,还有一些M130留在印度次大陆及东南亚地区,他们继续北上进入亚洲东部的中国、蒙古、韩国、日本等地,还有一些人进入了北美洲。

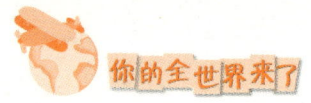

36 走出非洲（3）基因突变引出的分类

人类的第二次迁移与技术、文化、艺术等文明进步密切相关。第二波大迁移的基因标记是M89。

大约12万年前，人类从撒哈拉沙漠走出非洲到达以色列，但是在8万—5万年前的冰期，那里的人类全部消失了。

4.5万年前，人类再次出现在那里。这一次，他们携带的狩猎工具更加先进，社会组织更加复杂，狩猎的专业化分工开始出现。这是一场漫长的从被捕猎对象向狩猎者的巨大转变，可以说，这是至关重要的转变！

我们的祖先在充满猛兽的恶劣环境中生存了下来，考古遗址发掘出的动物遗骨证明了这些事实。

这个进步开始是缓慢的，后来的发展提速了。来到草原之后，人类直立起来，狩猎技术和制作工具的水平开始不断提高。当4.5万年前人类再次来到地中海东部地区时，拥有的狩猎工具大大改进，语言能力也大大增强。他们可以寻找更多的地方，于是引起一场向欧亚大陆的进军——技术和文明的进步引发了又一次人类大迁移。

人类来了

非洲东北部居民

人类迁移的主要屏障是海洋、沙漠和山区。非洲的沙漠出现得较晚。撒哈拉这片沙漠把整个非洲分成两个部分：撒哈拉和撒哈拉以南。8万年前的冰期，撒哈拉沙漠出现，然后逐渐扩大，占据了整个非洲大陆的北部，仅仅留下地中海沿岸适合人类居住。这是人类走出非洲的新屏障。

狭长的尼罗河沿岸是人类迁移的一条路线，从红海南端渡过大约20千米的海水抵达阿拉伯半岛是另外一条路线。

第一波大迁移，人类主要沿着海岸前行。第二波大迁移，人类追随着猎物进入了广袤的欧亚草原带，在亚洲西部、亚洲中部、亚洲东部、西伯利亚、欧洲东部和欧洲西部的巨大草原上，开始了更加波澜壮阔的旅程。

另一个基因标记M9出现在一个男人身上，时间约在4万年前，地点在伊朗高原或中亚的南部。这场扩散持续了3万年，我们把携带M9的人群统称为欧亚氏族。

他们的迁移遇到了三个屏障：兴都库什山脉、喜马拉雅山脉和天山山脉。这三条山脉交会于帕米尔高原，位于现在的塔吉克斯坦。于是，迁移的人群在这里分为两部分：一部分向北，走向兴都库什山脉；一部分向南，走向印度次大陆。

向北的人群走向中亚地区，他们的血统里出现了一个新的基因标记M45。兴都库什山脉—喜马拉雅山脉以东的人群拥有M175，被定义为东亚氏族。亚洲西部和欧洲地区完全不存在M175，但是亚洲东部的中国、日本、韩国等地出现M175的频率非常高。

还有一些人群向北迁移，追随着猎物进入了西伯利亚。早期的人类一路猎杀猛犸、野马、犀牛、驯鹿和小鸟。这些证据表明人类来到了西伯利亚，捕食猎物的种类远比现在丰富。

向南的群体里，又出现了一个新的基因标记M20。在印度以外，几乎找不到这个突变基因，但在印度次大陆拥有这个基因的人却超过50%，我们把他们称为印度氏族。这些移民是M130的后裔，他们之间发生了资源竞争和屠杀，M89的后裔可能抢掠了M130后裔的妻子和儿女，杀死了大部分男性。

印度人

人类来了

37 走出非洲（4）理不清的线团

1929年，出土了第一个完整的北京人头盖骨，这一发现将人类历史提前了50万年，是亚洲发现的最早的直立人的化石之一。接下来的几年中，周口店又陆续出土了更多直立人的化石，这些证据表明，离开家乡的一部分非洲直立人最终在中国定居下来。

每一个中国男人的Y染色体都携带着M168，都指向5万年前的非洲先祖。没有一个样本表明，中国人是从周口店直立人进化而来的，所有样本都说明中国人是6万年前走出非洲的智人的后代。

张振的《人类六万年》详尽地记录了人类迁移的路线和研究的结果。美国斯坦福大学斯福扎实验室和复旦大学金力、李辉的团队多次对中国的几十个群体进行计算分析，发现南方的中国人和北方的中国人之间的差异非常明显，北方汉族和南方汉族分别更加接近他们地理上的邻居，北方的汉族更加接近北方的少数民族，南方的汉族则更加接近南方的少数民族。

走出非洲的人群，沿着气候适宜和食物丰富的路线迁移,依次到达中东、印度洋沿岸、东南亚、东南亚南部、中国。人类到达了远东地区,在冰川时代生存下来,征服了整个亚洲。

第一批进入欧洲的人类大约在4万多年前,他们从欧亚大陆来到广袤无际的欧亚草原,向西辗转进入乌克兰、德国、法国等欧洲地区。

在冰期的巅峰时期,大约2万年前,他们被迫退缩到欧洲南部,在欧洲南部的西班牙、法国和意大利地区的几百个洞穴里,留下了大量的洞穴艺术作品。

M89是中东地区的基因标记,西欧人群中最常见的是M173,越向西出现频率越高,在西班牙、爱尔兰、英格兰达到90%。M89出现在4.5万年前,M173出现在3.5万年前。

尼安德特人当时也在欧洲。他们分布在相互隔绝的少数地区,生活非常艰难,在大约2.5万年前彻底消失了。

尼安德特人

考古学家认为，尼安德特人的生活形态无法熬过冰河时期的严酷气候和艰难的生活，各个群体越来越小，以致最后根本找不到配偶直至灭亡。

3万年后留在欧洲的只有现代人，他们被称为克罗马农人。

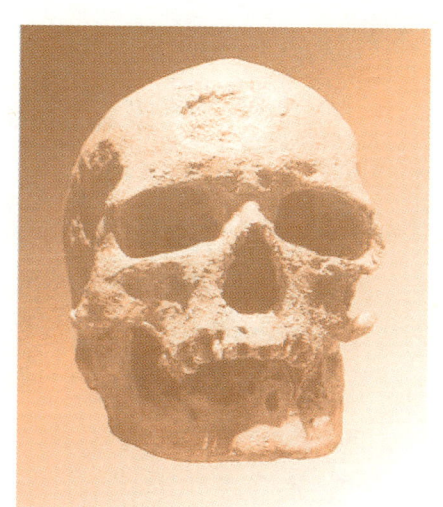

克罗马农人头骨电脑复原图

人类走出非洲来到中东后，开始沿着"草原高速公路"向广袤的欧洲大陆中部地区扩散。有人向东进入中国、韩国、日本；有人向北走向西伯利亚、北美洲；有人转了一圈儿向西扩散，原进入德国地区的草原，这条进入欧洲的迁移路线，绕过了难以逾越的亚洲和欧洲的分界线——高加索山脉。

从中东进入欧洲的早期人类 M172，没有在欧洲取得支配地位。在广袤的欧亚草原上游荡狩猎"磨磨蹭蹭"了上万年之后进入欧洲的第二波移民 M173，成为欧洲的主要居民。他们的狩猎工具非常先进，并在欧洲南部留下几百处洞穴艺术。

38 著名的化石造假故事——皮尔当人

皮尔当人是20世纪著名的化石伪造事件中命名的古人类名称。皮尔当位于英国东萨塞克斯郡尤克菲城附近的一座村庄。

查尔斯·道森是当地的一名律师，他热爱地质学和考古学，在这些方面作出了非常大的贡献，他还常常把这些研究成果分享给他的朋友们。其中有个朋友最感兴趣，这个朋友是伦敦自然历史博物馆地质部的管理员，叫史密斯·伍德沃德。

1912年，道森给伍德沃德写信，谈到他在一个叫皮尔当的村庄发现了一个有人类头盖骨碎石的砂砾地层。这里还发现了其他遗物，遗物中有一个犀牛的牙齿，它所属的类型表明这部分地层的形成时间非常接近于上新世与更新世的分界线。

信以为真的伍德·沃德接到消息迅速赶到，前来的还有一个年轻的神父，他们三人来到了皮尔当，一起动手清理和发掘这个沙砾层。

同年12月，他们在一次地质学会的会议上，宣布发现了人类头骨的碎片。一个与猿的腭骨极为相似的人的腭骨，还有这个人打造的一些简陋的燧石器、大量各种哺乳动物的骨头，通过这些动物可以确定这个人的年代。

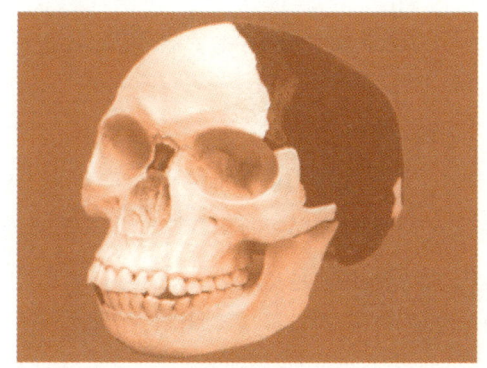

皮尔当头骨

骨骸被当时的考古学专家宣称为某种前所未见的早期人类遗骸化石，这个发现在考古界引起了轰动。许多著名的权威人士认为，这就是长期以来寻找的猿和人之间的缺环，这也是大多数人的观点。而有些人通过观察提出了质疑，他们认为发现的这块腭骨看上去与猿类太相像了，不大可能属于"与人类似的头盖骨"。两方的争论一直持续。

1915年，约翰·库克的画作描绘了当时的情形

1916年，道森逝世，此处再也没有发现有价值的东西。后来，伍德沃德对该地区又进行了数次挖掘，结果都一无所获。1950年在自然资源保护局的主持下，在原址又展开了大规模的挖掘，还是一无所得。

最后，一群科学家用多种严密的近代分析技术对原来的骨头和牙齿重新进行了鉴定。1953年他们宣布了鉴定结果，结论是皮尔当地层里发现的每件东西都是事前由造假者放进去的。

1959年，又经碳14测定发现，头骨是由中古时代人类的颅骨、一只500年前的红毛猩猩的下颚和黑猩猩的牙齿化石组合而成，而其老旧的外表则是用铁锈法与铬酸侵蚀造成的。

事情终于真相大白，皮尔当人是一种根本不曾存在过的"早期人类"。这就是发生在20世纪初古人类学领域中的一大骗局，在判明了上述事实以后，皮尔当人化石从古人类系统中被除了名。

人类来了

39 欧洲新石器时代的日常生活

新石器时代在考古学上是石器时代的最后一个阶段，是以使用磨制石器为标志的人类物质文化发展阶段，大约从1.8万年前开始，到距今5000多年至2000多年前结束。

一般认为新石器时代有3个基本特征：

1. 开始制造和使用磨制石器，装有木柄的石斧出现，还有大量的箭头。

2. 发明了陶器和编织。

3. 出现了农业和养畜业：出现了某种农业，人类开始利用植物和种子；驯养家畜，狗很早就出现了，人类还驯服了牛、绵羊、山羊和猪，从猎人发展成了拥有畜群的牧人。

欧洲的新石器时代大概开始于5000或1万年前。当时的人们没有卫生观念，随便扔垃圾，堆积成的巨大的垃圾堆被称为贝冢。他们掩埋死者，将大量的土堆在墓穴上，久而久之，这些土墩就成了史前时代的古墓。

1854年冬季，瑞士一些湖泊的水面降到新低，新石器时代和青铜时代初期建立在湖上的木桩裸露出来，那是当时房屋的基础。这种湖上的房屋与今天的在西里伯斯岛和其他地方所看见的形式类似。不仅古代的木桩还存留着,而且在下面的泥炭堆积中还发现了许多木器、骨器、石器和陶制器皿,以及装饰品和剩下的食物等,甚至还找到了渔网和衣服的残片。

欧洲新石器时代的人类捕捉红鹿、獐子、野牛和野猪。他们吃狐狸肉但不吃兔肉,认为兔子是软弱的动物,担心吃了自己也会变得软弱。

他们耕种并食用小麦、大麦和小米。他们把谷粒晒干,用石碾碎,储存在土罐里,需要时拿来充饥。

他们大多数人穿着兽皮,但是也织出了粗亚麻布,也用亚麻制作网。

当时人们的生活场景模拟图

斧是他们主要的工具和武器,其次是弓和箭。箭头是燧石制成的,很讲究,被牢牢地拴在箭杆上。

屋内的地面铺着黏土或踩实了的牛粪,放着瓶瓶罐罐和编织的篮子，里面装满奶、谷物之类的食物，有些用绳吊在墙壁上。屋子的另一端养着家畜，冬天可以用它们的体温取暖。

骨制的哨子甚至早在旧石器时代就已出现了，可以想象，芦笛很早就创造出来了。他们也有陶鼓，上面蒙着兽皮，也可能是用皮盖在掏空了的树干上面充当鼓的。

当时人们制作工具的场景模拟图

生火是件麻烦的事，他们要保留一些火种。有时村落出现了火灾，他们又无法控制，常常整个村子都会被烧毁。

青铜此时进入了人类的生活，体现在部落的战场上，哪方使用青铜，哪方便在战场上掌握更多的主动权。

40 第四纪及地质年代表

第四纪这个名称最早是由意大利地质学家乔万尼·阿尔杜伊诺于1759年研究波河河谷沉积情况时提出的。第四纪是新生代最新的一个纪，它从约260万年前开始，一直延续至今，包括更新世和全新世。

更新世亦称洪积世，从2588000年前到11700年前为止，处于地质时代第四纪的早期。这一时期绝大多数动植物的属种与现代物种相似，其显著特征为气候变冷，有冰期与间冰期的明显交替。全新世是最年轻的地质年代，从11700年前开始，一直持续至今。这时，人类已进入现代人阶段。全新世气候普遍转暖，中、高纬度的冰川大量消融，海平面迅速上升，喜暖的动植物逐渐向较高纬度和较高山区迁移，全球自然地理环境完全演进到现代面貌。农业的出现以及生产工具的不断进步促进了社会发展，人类与自然环境的关系日益密切。

第四纪是人类出世并迅速发展的时代，人类的发展经历了以下主要阶段：

1. 早期猿人阶段（约200万—175万年前）：能人在东非坦桑

尼亚出现，这可能是早期的直立猿人。

2. 晚期猿人阶段（约100万年前）：直立猿人最著名的代表是北京猿人和爪哇猿人。

3. 早期智人阶段（约50万年前）：智人在非洲出现并迁移到欧洲。

4. 晚期智人（新人）阶段（约25万—3.5万年前）：现代人在非洲南部出现，约5万年前，现代人类分布到中东地区。

5. 在更新世晚期，大约3万—2万年前，现代人类通过白令陆桥进入北美洲并向南迁移。进入全新世后，现代人分布到除南极洲以外的各个大陆，并且成为唯一生存至今的人科动物。

更新世时期，直立人开始逐渐走出非洲大陆，只是这些直立人都没能成功抵抗大自然的灾难，逐渐灭绝了。

在第四冰期的时候，晚期智人在和寒冷的气候、恶劣的生存环境、残暴的肉食动物进行斗争的过程中制造出了武器，建立了部落，顽强地生活下来并迁徙到世界各地。

第四冰期结束于1.2万年前，寒冷的坚冰开始融化，海平面上涨，河流泛滥，人类进入了全新世。

在全新世时期，各地先后进入新石器时代，人口也迅速增长。

在过去的1万年中，人类消灭动物的速度比动物在历史上任何时候消失的速度都快。为了获得食物、衣着和乐趣而进行的捕猎、捕鱼只是我们消灭整个物种的某些最直接的方式。但是对于各类生命的最大伤害是发生在我们毁坏动物栖息地的时候，城市扩张、污染、耕种、放牧和伐木都毁坏了数千种动物

赖以生存的环境。

如今，我们正处在一个巨大的绝灭事件的中期。动物正以自然界正常速率的一百至一千倍的速度永久地消失。在世界范围内，特别是在热带雨林中，动物的生命受到严重威胁。在今后的50年中，大部分热带雨林很可能永远消失。如果雨林遭到破坏，多达300万种的大、小动物可能随之绝灭。

代	纪	世	距今大约年代（百万年）	主要生物演化
新生代	第四纪	全新世	现代	人类时代 现代植物
		更新世	0.01	
			2.4	
	第三纪	上新世	5.3	哺乳动物 被子植物
		中新世	23	
		渐新世	36.5	
		始新世	53	
		古新世	65	
中生代	白垩纪	晚中早	135	爬行动物 裸子植物
	侏罗纪	晚中早	205	
	三叠纪	晚中早	250	
古生代	二叠纪	晚中早	290	两栖动物 蕨类
	石炭纪	晚中早	355	
	泥盆纪	晚中早	410	鱼 蕨类
	志留纪	晚中早	438	
	奥陶纪	晚中早	510	无脊椎动物
	寒武纪	晚中早	570	
元古代	震旦纪		800	古老的菌藻类
			2500	
太古代			4000	

（显生宙 / 元古宙 / 太古宙 分列最左）

地质年代表

人类来了

41 新仙女木和8200年事件

冰期结束以后，地球气候于大约1.7万年前开始变暖，气温逐渐地回升。两极、北美和北欧的冰川开始消融，海平面逐渐上升，渤海、黄海、挪威海的草原被水淹没。

约1.3万年前，地球处于温暖的间冰期。大约在距今12800年时，一颗彗星在撞向地球前发生爆炸，导致地球北半球大部分地区温度骤降，从而破坏了原始石器时代文明，并造成了大型史前动物的灭绝。

这颗彗星的爆炸，还导致地球在接下来的1000年间处于春寒期，严重破坏了欧洲和亚洲早期人类文明的发展，这一时期被称为新仙女木时期。

这就是地球历史上著名的新仙女木事件，事件名称的由来源于仙女木这种寒冷气候下的标志植物。在古气候学中，新仙女木事件是末次冰消期最重要的气候突变事件之一。欧洲早在一个世纪以前就认识到新仙女木期气候突变的存在，后来北大西洋沿岸地区的许多孢粉资料证实，西欧及北美许多地方在1.1万—1.0万年前时气候发生了突变。另外，在欧洲这一时期的沉积层中,发现了北极地区的仙女木这种草本植物的残骸,更早的地层里也有同样的两次发现,分别称为老仙女木事件和中仙女木事件。

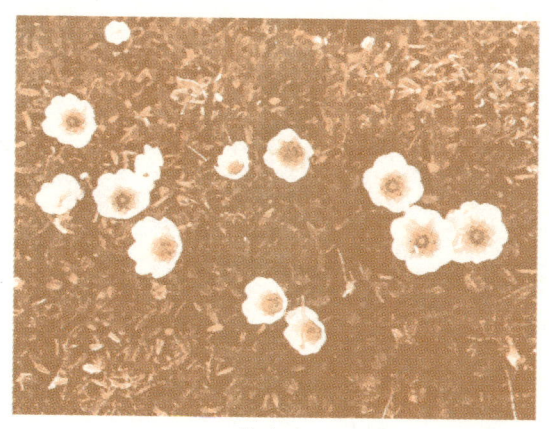

仙女木

在新仙女木事件爆发之后,一些地区的气候变得异常干燥而寒冷,使得环境的承载能力大大减弱,直接威胁到人类的生存。今天的很多学者推测,正是在新仙女木事件带来的巨大压力之下,智人才被逼无奈走上了发展农业生产的道路。

新仙女木事件是末次冰消期持续升温过程中的一次突然降温的典型非轨道事件。它是一个全球性的事件,我国东部陆架海也普遍发现了新仙女木事件的沉积记录。

科学家指出,当时地球正渐渐从冰期开始恢复,虽然高纬地区还覆盖着大量冰原,但地球上的气候正在慢慢变暖。然而,爆炸的彗星所产生的碎片可能落进了地球的冰原中,导致冰原大面积融化。融化的水流向大西洋,对包括墨西哥暖流在内的大西洋水流造成破坏,从而导致地球在此后长达1000年再度陷入冰天雪地中,对早期人类文明的发展造成了破坏。

新仙女木事件促使智人发展农业

8200年事件也是一次降温事件,在温暖的冰后期气候背景下,气温忽然下降。它发生在前8490—8200年之间,持续不过200多年,气温下降的幅度、涉及的范围远远不及新仙女木事件。

在8490年前,北美的冰雪还没有完全消融,由冰川形成的大坝围成的大盆地积满了水,形成两个大湖。

6400年前,冰川忽然崩裂,一个湖决口,大量淡水经由哈得逊湾注入北大西洋,引起了一次持续几十年的北半球降温事件。之后,气温回升。

但是,6200年前的时候,另一个湖也忽然决口了,又引起了一次降温。这两次事件隔得很近,所以把它们合在一起,称为8200年事件。

42 中国新石器时代文化(1)裴李岗文化

中国的新石器时代，是原始社会氏族公社制由全盛到衰落的一个历史阶段。它以农耕和畜牧的出现作为标志，表明由依赖自然的采集渔猎经济，发展为改造自然的生产经济。磨制石器、制陶和纺织的出现，也是这一时代的基本特征。因而，新石器时代在中国历史上是古代经济、文化向前发展的新起点。

图13 裴李岗遗址居住区发掘情况

人类来了

就目前所知,中国新石器文化至少要在距今1万年前,实际开始年代还应更早,在前1.2万年左右。

新石器时代按照时间顺序分早期、中期和晚期。早期文化遗存主要以裴李岗文化和磁山文化为代表。这里我们就讲讲裴李岗文化。

裴李岗文化是目前中原地区发现最早的新石器时代文化之一,因位于河南新郑的裴李岗村而得名。该文化的分布范围以新郑为中心,东至河南东部,西至河南西部,南至大别山,北至太行山。

裴李岗文化的绝对年代大体推定在距今8500—7000年前。这个年代证明了早在8000年前,汉族的先民们已开始在中原地区定居,他们从事以原始农业、手工业和家畜饲养业为主的氏族经济生产活动。从考古挖掘的出土文物来推测,当地人已经懂得畜牧和耕种,他们会在田里种植粟,也会在家里养猪。

裴李岗文化红陶壶

当地文明是中国已知的最早期陶器文明。陶器以泥质红陶

数量最多，占陶器总数的68%以上；夹砂红陶次之，占总数的28%以上；泥质灰陶最少。陶器均为手制，大多为泥条盘筑，有纹饰的器物较少。石器以磨制为主，有石铲、石斧、石镰和石磨盘等。

裴李岗文化遗址的面积不大，小的为数千平方米，大的可为数万平方米。一处单纯的裴李岗遗址堆积层的平均厚度多在1米左右。考古学家认为，中国的农业革命最早在这里发生，裴李岗居民已进入锄耕农业阶段，处于以原始农业、手工业为主，以家庭饲养和渔猎业为辅的母系氏族社会。无论在生产力还是文化艺术方面，裴李岗文化与同时期河北的磁山文化、甘肃的大地湾文化相比，均处于领先地位。

2001年，新郑市的裴李岗遗址被公布为20世纪百项考古大发现之一、河南省十大考古大发现之一和全国重点文物保护单位。

在人类文明初露曙光之际，裴李岗人已经具有非凡的能力，他们利用自己笨拙的双手和从猿向人类过渡时期极为有限的智慧，战胜恶劣的自然环境，建立起古老的氏族村落，并将他们所创造出的辉煌灿烂的古老文明，作为一份珍贵的厚礼馈赠给万世子孙。

裴李岗文化是中原先民独自创造的伟大文明，它在中国古文明的发展进程中，无论是在科学、农业还是在文化、艺术等诸多方面都作出了巨大的贡献。

43 中国新石器时代文化（2）仰韶文化

中国在新石器时代中期主要以大汶口文化、仰韶文化和红山文化为代表。这里我们重点讲仰韶文化。

仰韶文化是新石器时代黄河中游地区一种重要的彩陶文化，其持续时间大约在公元前5000年至前3000年。因1921年首次在河南省三门峡市渑池县仰韶村发现，故按照考古惯例，将其称为仰韶文化。

仰韶文化以渭、汾、洛诸黄河支流汇集的关中豫西晋南为中心，北到长城沿线及河套地区，南达鄂西北，东至豫东一带，西到甘、青接壤地带。

仰韶文化以农业为主，其村落有大有小。比较大的村落的房屋有一定的布局，周围有一条围沟，村落外有墓地和窑场。村落内的房屋主要有圆形和方形两种，早期的房屋以圆形单间为多，后期以方形多间为多。

仰韶居民死后按一定的葬俗埋葬，葬制中实行女性厚葬与母子合葬，反映了以女性为中心的文化特点。这与母系氏族社会组织的特征是相吻合的，有迹象表明，中原地区在仰韶文化

早期开始进入父系氏族社会,中期则普遍进入父系氏族社会。

此时农业生产仍以种植粟类作物为主,有的遗址中发现了耐旱作物黍,还有的遗址中发现了稻谷的痕迹。这些情况表明,仰韶文化范围内的农业生产比较发达,粮食作物品种繁多。但仰韶文化处于原始的锄耕农业阶段,采用刀耕火种的方法和土地轮休的耕作方式,在我们现在看来生产水平仍比较低下。

仰韶文化时期,黄河中游各部落的采集和渔猎经济占有比较重要的地位。他们的手工业经济与农业、畜牧业经济一样,主要从事自给自足的自然经济活动,以物易物的交换形式已普遍存在,商品经济的萌芽还没有产生。在各个部落里,氏族成员从事的生产劳动主要是以性别和年龄来分工的。手工业生产中的一些专业性技术,开始由氏族内部长期从事、积累了一定经验的成员掌握,这些专业分工尚不十分明确和规范。当时的手工业生产主要是制陶业和制石、制骨、制革、纺织、编织等。

人面鱼纹彩陶盆

仰韶文化制陶业发达,他们较好地掌握了选用陶土、造型、装饰等工序，陶器种类有钵、盆、碗、细颈壶、小口尖底瓶、罐与粗陶瓮等。

中国的仰韶文化距今约五六千年，这时的陶器是以红陶为主，灰陶、黑陶次之。红陶分细泥红陶和夹砂红陶两种，主要原料是黏土，有的也掺杂少量砂粒。在仰韶陶器中，细泥彩陶造型独特，表面呈红色，表里磨光，还有美丽的图案，最为著名。

鱼纹彩陶盆

仰韶文化的石器制造业比较发达，早期打制的多，使用直接打击法，制出的砍砸器和刮削器往往不加修整即使用，比较粗糙。中期以后，磨制石器已明显占据主导地位，器形也有很大改进，数量大批增加。各类型遗址中出土的磨制石器，都是先打出初坯然后细致研磨成器的。

仰韶遗址的发现与发掘意义深远，它第一次宣告了中国蕴藏着丰富的新时代文化遗存，揭开了中国新石器考古事业第一页，对于重建古史、探寻中华文明的源头意义重大。

 **44 中国新石器时代文化（3）良渚文化**

中国新石器晚期文化主要以龙山文化和良渚文化为代表，本节主要讲良渚文化。

良渚文化是分布于钱塘江流域和太湖流域地区一支著名的史前考古学文化，距今5300—4000年。

良渚遗址

良渚遗址位于杭州城北18千米处的余杭区，发现于1936年，是新石器时代晚期人类聚居的地方。这是长江中下游地区首次发现的良渚文化时期的城址，总面积为290万平方米，是中国目前所发现规模最大、建筑水平最高的古城遗址，堪称"中华第一城"。

该文化遗址的最大特色是所出土的玉器。

玉器是良渚先民所创造的物质文化和精神文化的精髓，尤其是琢制的玉器，其数量之多、品种之丰富、雕琢之精美，均达到史前玉器的高峰。玉器上的纹饰主题神人兽面纹，是良渚先民"天人合一"观念的体现和信仰，并逐步成为中国传统文化的核心。

良渚文化玉器的神人兽面纹

在良渚文化玉器中，玉琮的地位最为突出。玉琮四方柱形，中间有圆孔，外周有饰纹。《周礼》中记载玉琮是祭地之器，中国古代有"天圆地方"之说，故玉琮被列入中国传统的玉礼器"六器"之一。

在良渚文化的一些陶器、玉器上已出现了为数不少的单个

或成组具有表意功能的刻画符号，这些符号在形体上已接近商周时期的文字。

良渚文化所处的钱塘江流域，是中国稻作农业的最早起源地之一。良渚文化时期，水稻栽培是当时最主要的农业生产活动，在许多遗址的良渚文化堆积中，都发现了稻谷和稻米的遗迹。经鉴定，这些稻谷属于人工栽培的籼稻和粳稻。除了水稻外，各个氏族部落还从事蔬菜、瓜果及一些油料作物的种植。

在良渚古城外围的北面和西面，存在着一个古代水利系统。该水利系统占地辽阔，雄伟异常，其土方面积据测算高达260万平方米，控制范围达100多千米，距今已有5000多年的历史，兼具防洪、防潮、航运、灌溉和滩涂围垦等综合功能。这是世界上最早、规模最大的水利系统。

在社会生产力发展的基础上，良渚文化时期的社会制度发生了激烈的变革，社会已经分化成不同的等级阶层。

2019年，良渚遗址被列入世界遗产名录。专家们指出，中国文明的曙光是从良渚升起的。良渚文化被认为是中国文明发展史上的一颗璀璨的明珠，载入史册。

45 半坡人的母系氏族生活

半坡文化遗址，距今已有6700—5600年的历史。

1953年春，在陕西省西安市东6千米处的半坡村，发现了一处典型的新石器时代仰韶文化母系氏族聚落遗址。

遗址出土的遗物有近万件：其中有农业生产工具，包括石斧、石锛等；渔猎工具，包括石、角制的矛头、箭头等；手工业工具，包括石和陶制的纺轮、骨针、骨凿等。

在一个陶罐里发现了6000多年前的粟，证明了中国是世界上最早种粟的国家。在另一个陶罐里还发现了菜籽，经鉴定有的是白菜籽，有的是芥菜籽。

在半坡，大量的骨骼证明了人们会驯养猪、狗、牛、马、鸡等家畜，还猎获了鹿、狐狸、兔、獾等。这一时期弓箭是人们猎取动物的主要猎具。

半坡时代是母系氏族社会。女人的地位高于男人，女人掌管着农业，她们是氏族的管理者，在生产中起主要作用。女人看孩子、做饭，在村落的附近种粮食、种菜、养猪、养狗。不用照顾孩子的男人，则去远处打猎、捉鱼，从事外面的劳动。

半坡村落建有大围沟,这是抵御野兽和灾害的设施。人们要修建防御工事,修筑大沟是最初的防御手段。从简单的修筑大沟开始,人们逐渐发展到夯土城壕。大沟引水进来,就成了后来的护城河。

大围沟

半坡人的房子盖在离河水不远的高地上,半坡部落的人口有400—600人,在当时来看,这已经颇具规模了。整个部落聚集在一起,他们住着圆形、方形的房子。房子排列成一个圈,中间是个广场,人们在广场中娱乐,举行祭祀活动,也劳动。

陶器是主要的生活用具,半坡人是出色的匠人,他们已经制作出了做饭用的陶甑。这种陶甑与现在的蒸锅在原理上区别不大。

令人感兴趣的是,在出土的陶器上发现了类似麻袋或粗布的纹路,初具原始的数列和多边形的概念。彩陶上还画着游动的鱼、奔驰的鹿,这是渔猎的写照。陶器外壁有图案逼真的抽象画，笔画流利疏朗，显然具有装饰作用，已有了工艺品的性质。

彩陶上的人面纹

从出土的许多石制或骨制的箭头看，他们已普遍使用弓箭，还有石球、石矛。半坡人获得食物的方式，一靠狩猎，二靠捕鱼。有倒刺的骨制品，是他们的鱼钩。半坡人已大量使用石铲、石斧、石锄、砍伐器等生产工具，进入了较发达的原始农业阶段。

半坡出土的多种器物上都有符号，这些符号的笔画均匀流畅，相当规整，同殷商甲骨文十分相像。二者都出现于中国北方中原地区，只是时间不同。

半坡遗址是中国唯一保存完好的原始社会遗址，也是黄河流域规模最大、保存最完整的母系氏族公社村落遗址。

 ## 46 母系氏族的河姆渡人

1973年,在浙江省宁波市余姚的河姆渡镇发现了河姆渡遗址。河姆渡文化分布在杭州湾南岸的宁绍平原及舟山岛。

经测定,其年代为公元前5000年至公元前3300年,是新石器时代母系氏族公社时期的氏族村落遗址,反映了距今约7000年前长江下游流域氏族社会的情况。

干栏式建筑

河姆渡人是长江下游的古人类,他们以稻作农业为主,兼

畜牧、采集和渔猎。在遗址中普遍发现有稻谷、谷壳、稻秆、稻叶等遗存。这是目前世界上最古老、最丰富的稻作文化遗址。

河姆渡人临水而居，住干栏式房屋。干栏式房屋有许多特色，它架建在地面之上，栽桩架板，高于地面，通风凉快，防潮防湿，也可防止雨水泛滥和低飞的昆虫聚集。干栏式建筑是中国长江以南新石器时代以来的重要建筑形式之一。

他们普遍用船、筏载人和物，善于浮水采集。他们学会了从地下采水，会挖掘水井，这使他们能离开河边建造居住地。

河姆渡遗址出土的原始艺术品不仅数量大，而且题材广，造型独特，内容丰富多彩。

中国最早的漆器，是在河姆渡出土的。

河姆渡遗址是中国新石器时代遗址考古中陶器出土最多、复原率最高的遗址之一。黑陶是河姆渡陶器的一大特色，他们的生活用器以陶器为主。陶器最高烧成温度已达1000摄氏度，制作达到一定的水准。陶埙也是河姆渡的出土遗物，埙身呈鸭蛋形，中空，一端有一小吹孔，也是中国一种古老的乐器。

河姆渡遗址出土的陶器

骨器是精心磨制而成的，一些有柄骨匕、骨笄上雕刻有花纹或双头连体鸟纹图案，是精美的实用工艺品。当时最具代表性的农具"骨耜"即采用鹿、水牛的肩胛骨加工制成。河姆渡农业已从采集进入到耜耕生产阶段，遗址出土的骨耜有170件之多，与数量巨大的稻谷堆积物相对应。

距今7000年前，木器制作技术已达到相当高的水平，木器已被广泛用于生产和生活的各个方面。在河姆渡发现了中国最早的木制饰品"木雕鱼"，还有其他包括木柄骨制的耕田用具耜、刀铲等切割器具，最为重要的木器是纺织工具和木桨。河姆渡人有了纺织，他们已脱离茹毛饮血的野蛮生活，进入初具文明的历史阶段。

河姆渡出土了纺轮、两端削有缺口的卷布辊、梭形器和机刀等，据推测这些可能属于原始织布机附件，显示出新石器时代人们已由手工编织进步到原始的机械编织。

47 两河流域文明

古代两河流域文明是世界上产生最早的文明。两河流域是指幼发拉底河和底格里斯河流域,是西亚文明的核心地域,也称美索不达米亚,即"两河之间"的意思。

约在公元前4000年,居住在两河流域的苏美尔人已有较为发达的文化,发明了泥板书。

泥板书

什么是泥板书呢?他们用削尖的芦苇当作书写工具,把文字刻在泥坯上,然后把泥坯烘干,成为泥板。这种文字形状成尖劈形,所以被称为楔形文字。

2000年间,楔形文字一直是美索不达米亚唯一的文字体系,但并没能沿用至今。

泥板书

公元前2世纪中期,两河流域的楔形文字受到了阿拉米亚字母文字的冲击,阿拉米亚开始在官方文字为楔形文字的亚述帝国内被使用,楔形文字的影响开始减弱。

公元前4世纪后期,随着希腊人、罗马人相继到来,希腊语、拉丁语成为这里的通用文字,楔形文字的使用范围进一步缩小。

渐渐地,当地居民被阿拉伯人同化,失去了原有的语言和传统文化，楔形文字成为一种死文字，逐渐在人们的记忆中消失了。

苏美尔文明衰落后，巴比伦城兴起。

巴比伦是幼发拉底河河边的一座小城市。公元前2200年左右，来自叙利亚草原的阿摩利人攻占了这座小城，建立了国家，并以此为中心四处扩张，最终建立了一个强大的巴比伦国，历史上称之为"古巴比伦王国"。

巴比伦第一王朝约始于公元前1894年，在公元前1792—前1750年，第六位国王汉谟拉比征服了南北诸城并建立了中央集权的专制制度，完成了两河流域的统一。此外，汉谟拉比还制定了著名的《汉谟拉比法典》。

古代两河流域文学作品中最重要的部分是神话传说和英雄史诗。其中《吉尔伽美什史诗》是古代西亚文学中最具影响力的一部英雄史诗。两河流域的神话主要表现了两个主题：一是创世，二是对永生的追求。

20世纪30年代，法国考古学家帕罗特在两河流域上游的马瑞遗址发掘出的一所房舍，被认为是现在发掘的世界上最早的学校。学校教育是两河流域文明优于别国的特点之一。

古巴比伦时代的科学以数学和天文最为发达，计数法采用十进位和六十进位法。六十进位法应用于计算周天的度数和计时，至今为全世界所沿袭。当时的历法为太阴历，一年有365天，分为12个月，一昼夜分为12小时。且当时为适应地球公转的差数，已经知道设置闰月。

48 古埃及文明

古埃及文明发祥于现代的北非，尼罗河从南到北贯穿整个国家。它位于非洲东北部（今中东地区），起初在尼罗河流域，后扩张到目前的埃及领土。

在这块神奇的土地上，古埃及人创造了辉煌的历史。

早在180万年前，直立人离开非洲向其他大陆迁移，很可能在途中就经过后来的埃及。根据出土的物质遗存，可以发现在旧石器时代，人们经常出现在尼罗河河谷及其两侧的沙漠绿洲中。

随着时代的发展，他们进入了新石器时代。公元前4500年左右，埃及人学会了冶炼、制造铜器，由此进入了铜石并用的时代。

古埃及文明形成于6000年前左右，古埃及前王朝开始于5500年前左右，美尼斯统一上下埃及建立了第一王朝。公元前4000年后半期，古埃及逐渐形成了国家，其中古埃及在十八王朝时达到鼎盛。

金字塔是古代埃及国王的坟墓，因其形似汉字的"金"字而得名。最大的金字塔被称为胡夫金字塔，高146.5米，每边边长约为230米。据说该金字塔用了约230万块大小不等的石头，平均每块重约2.5吨。修建胡夫金字塔共用了30年的时间，头10年是修筑运石头的道路和修建地下墓室，后20年用于修建金字塔本身，每年用工10万人。

金字塔

在胡夫金字塔旁，是第四王朝法老哈夫拉的金字塔。在哈夫拉金字塔前不远处是狮身人面像，高21米，长57米，耳朵有2米长。整座像用一整块石头雕成，据说其面部是按哈夫拉的样貌雕成的。古埃及人认为，狮子是进入天国门户的守护者，金字塔旁的狮身人面像也是古埃及文明的典型象征。

他们的文字创于公元前3500年，是一种称为圣书体的象形文字。这种文字是人类最古老的书写文字之一，多刻在古埃及人的墓穴中、纪念碑及庙宇的墙壁或石块上。古埃及创造的象形文字对后来腓尼基字母的影响很大，而希腊字母是在腓尼基字母的基础上创建的。

金字塔、亚历山大灯塔、阿蒙神庙等建筑体现了埃及人高超的建筑技术和数学知识。古埃及的数学家和几何学家已经能够计算等腰三角形、长方形、梯形和圆形的面积。他们最早把圆分成360度，还推算出圆周率约为3.14。

阿蒙神庙

古埃及是世界上最早使用太阳历的，他们把一年分为3个季节，每季4个月，并把每天分为24小时。他们了解许多星座，并把黄道恒星和星座分为36组，在历法中加入旬星，一旬为10天，这与中国农历中旬的概念类似。

他们懂得把尸体的内脏取出，用特制的药物处理后，再把盐和香料涂在尸首上，用长布条包裹好，以防尸体腐烂，制成后就成了木乃伊。

考古学家在现今的埃及各地发掘出很多木乃伊，这些发现帮助我们了解古埃及人保存尸体的方法，也有助于我们认识古埃及人的生活面貌及文明。

49 古印度文明

古代印度包括今天的印度、巴基斯坦等国，面积超过400万平方公里，其范围与地理上所谓的"南亚次大陆"大致重合。

古印度是四大文明古国之一，印度的远古文明是在1922年被发现的，遗址在印度哈拉巴地区，所以通常被称为"哈拉巴文化"。又由于这类遗址主要集中在印度河流域，所以也被称为"印度河文明"。哈拉巴文化是青铜时代的文化，它代表了一种城市文明，其遗址的城市规划和建筑具有相当高的水平。如摩亨佐·达罗城，有整齐宽阔的街道和良好的排水系统，住宅精美宽敞。哈巴拉文化从公元前2300年一直持续到公元前1750年，后期逐渐衰落，直至灭亡。

恒河文化盛行的公元前1800至前600年间，为印度著名的吠陀时代。此后的佛陀时期，是古印度继印度河文化城市繁荣之后的第二次城市繁荣时期。在这一时期，释迦牟尼创立了佛教，大雄创立了耆那教。直到公元前187年，孔雀王朝的最后一个国王被推翻，印度半岛此后再也没有统一过。

摩亨佐·达罗城遗址

古代印度是人类文明的发源地之一,对世界文明产生了重大影响。

公元前6世纪,在古代印度产生了佛教,后来先后传入中国、越南、日本、泰国和缅甸等国。

日本佛教建筑代表四天王寺

在文字方面,公元前3000年中叶,古印度人创造了印章文字。这种文字由47个字母构成,在词根和语法结构上与古希腊语、古拉丁语、古波斯语相似，在语言学上属印欧语系，是近代印度字母的原型。

印度最著名的史诗是《摩诃婆罗多》和《罗摩衍那》两部史诗。前者长达10万颂（诗节），后者约有2.4万颂，是古代世界绝无仅有的长诗。两部史诗反映了当时印度社会生活各个方面的情况，也反映了雅利安人向东、向南扩张的一些情况。

古印度的民间文学作品也占有重要地位，大都保存在《五卷书》《益世佳言集》和《佛本生经》等作品中。

造型艺术中的重大成就是石窟艺术，其中最著名的是阿旃陀石窟。它位于深山中，大约于公元前1世纪开凿，公元7世纪完成，是建筑、雕刻、绘画三种艺术结合的范例，被誉为世界艺术精粹之一。

关于季节的划分，除春、夏、秋、冬四季外，还有热时、雨时、寒时的三分法，以及渐热、盛热、雨时、茂时、渐寒、盛寒的六分法。

在数学方面，古印度人最重要的成就是发明了10个数字符号和定位计数法，这种计数法为中亚地区的许多民族采用，后又经阿拉伯人对10个数字略加修改后传到欧洲，逐渐演变为现今全世界通用的阿拉伯计数法。

50 三皇五帝（上）

三皇五帝，是中国历史神话人物"三皇"与"五帝"的合称。中华文明自古就有三皇五帝之说，但具体说法不一。在这里，我们讲几个传说中有名的部落首领和帝王。

盘古

从三国时期开始的传说中，盘古就成为我们开天辟地的创世之神。

很多年以前，天和地还没有分开，世间混沌一片。盘古就孕育在这混沌之中。

有一天，他忽然醒过来，睁开眼睛什么也看不见，眼前只是模糊的一片，闷得怪心慌。

他不知道从哪里抓过来一把大板斧，朝着眼前的混沌用力一挥，只听得一声霹雳巨响，大混沌忽然破裂开来。其中有些轻而清的东西冉冉上升，变成天；重而浊的东西沉沉下降，变成地。天和地就此分开，盘古怕它们还要合拢，就头顶天、脚踏地，站在天地的当中。

盘古孤独地站在那里，一直做着这种非常吃力的工作，终于有一天他太需要休息了,便倒下了。就在这时候,他周身突然发生了很大的变化:他口里呼出的气变成风和云,他的左眼变成太阳,右眼变成月亮,他的手足和身躯变成大地的四极和五方的名山,他的血液变成江河,他的筋脉变成道路,他的肌肉变成田土,他的头发变成天上的星星,他浑身的汗毛变成花草树木,他的牙齿、骨头、骨髓等,也都变成闪光的金属、坚硬的石头、温润的宝玉,就是那最没有用处的身上出的汗,也变成清露和甘霖。

盘古开天辟地

女娲

女娲的神话从战国时期开始广为流传。女娲抟土造人,世人始有人类;天塌地陷时,女娲炼石补天,才有人们的安居乐业。女娲因这两个传说,成为中国上古神话中第一位最伟大的女性。

女娲不但是补天救世的英雄和抟土造人的女神,还是一个创造万物的自然之神，神通广大化生万物。她开世造物，因此被称为大地之母，是被民间广泛而又长久崇拜的创世神和始母神。

伏羲

中国古代"三皇"的说法有多种，但是无论哪种说法，都认为伏羲是"三皇"之一，而且都把伏羲放在"三皇"之首。可见，人们公认伏羲是中华民族的人文始祖。

伏羲

传说伏羲的母亲华胥氏在雷泽这个地方游玩时踩了仙人的脚印，并因此怀孕，怀孕12年后生下了伏羲。

伏羲最大的贡献是创立了八卦，开启了中华民族的文化之源。他与女娲一样，是新石器时代早期、农业文明出现过程中产生的最有智慧的人。

51 三皇五帝（下）

黄帝

黄帝又号轩辕氏。黄帝、炎帝与蚩尤之战，是史籍记载的中国历史上第一次惊天动地的部落战争，双方在涿鹿发生激战，炎帝战败后向黄帝求救，双方联合杀死蚩尤，平息了这场战争。作为涿鹿之战的胜利者，黄帝开疆拓土，实现了统一的局面，被司马迁列为五帝之首。

马家窑文化是黄河上游新石器时代晚期文化，它的彩陶上有一种纹饰，两层圆圈的中间是网格纹，圆圈的四周有4只脚和1个头。头部的两只眼睛格外突出，这类图案在考古界的普遍看法是蛙纹，从形状来看，这些图案更像是一只大鼋。

郭沫若认为，大鼋图案前人释为子孙，应该为天鼋，亦即轩辕。《国语》也有"我姬氏出自天鼋"之言，这是说天鼋是黄帝的族徽。马家窑文化的彩陶盛行天鼋图案，意味着马家窑人群出自天鼋，即出自黄帝一族。换言之，马厂人群是黄帝族群的后裔，来自中原地区。

马家窑彩陶上的纹饰

炎帝

炎帝是上古时期姜姓部落的首领,号神农氏。

史书记载神农氏依天时地利,制作耒、耜等农具,教民耕作。亲尝百草,发明了用草药治病。

颛顼

黄帝之后,颛顼是中国古史传说时代伟大的帝王。他打败共工氏,继少昊主政,号高阳氏。

据《乾隆御批纲鉴》记载,中国九州的建置区划创制于颛顼。黄帝时代虽然统一了中原地区,但和蚩尤部族长期形成对立局面,直至颛顼才形成统一。在此基础上,颛顼对中国区域建置进行了明确规划,《十七史纂古今通要》上说他统领疆域"北至幽陵(今河北、辽宁一带),南至交趾(今广东、广西、越南一带),西至流沙(今甘肃一带),东至蟠木(今东海)",极其广大。

颛顼前承炎黄,后启尧舜,奠定了华夏根基,是华夏民族的共同人文始祖。历史学家范文澜先生在《中国通史简编》中写道:"汉以前人相信轩辕黄帝、颛顼、帝喾三人为华族祖先,当是事实,历史上的五帝多有争议,但是已知的五种排序中,颛顼都名列在册,可见其功绩。"

颛顼

禹

禹是中国历史上第一个王朝——夏王朝的创始者。

禹曾受命治水,三过家门而不入。禹因治水有功,消除了中原洪水泛滥的灾祸,促进了农业生产。

禹死后,儿子启通过武力征伐伯益,将其击败后继位,成为中国历史上将"禅让制"变为"世袭制"的第一人。自此,原始社会结束,启是传统上被公认的中国第一个帝王。

52 黄河流域文明生生不息

我们前面讲了包括埃及、两河流域和印度河流域在内的最初的文明,这些文明在经过了几百到数千年的辉煌之后,相继衰落乃至灭亡,成为失落的文明。而黄河流域的文明则因具有顽强的生命力和延续性,一直持续到今天。

黄河发源于青海省的巴颜喀拉山脉,向东流经今天的青海、四川、甘肃、宁夏、内蒙古、陕西、山西、河南和山东等9个省区,最后流入渤海,全长约5464公里。黄河在中华文明的形成和发展过程中有着重要的作用。

黄河流域

人类来了

从地理环境上看，在距今8000到3000年前，黄河流域湿润多雨，土质疏松，渗水性好，易于开垦。即使当时的人们只能使用简易的耕作工具如耒和耜等，也能够培育和种植出耐旱的谷物品种，如粟、黍等。

同时，温暖湿润、雨量充沛的气候条件又为作物生长提供了良好的条件。从旧石器时代的蓝田猿人、大荔人、汾河流域的丁村人、内蒙古河套地区的河套人，到新石器时代以关中、豫西、晋南为中心的仰韶文化，都分布于黄河流域。

从居住环境来看，中国远离其他几个文明起源的中心，隔着高原、荒漠和海洋，有利于文明的产生和成熟。

在公元前1000年左右，地球的气候再次出现了变冷的趋势，副热带高压的卷土重来使得包括尼罗河文明、两河流域文明和印度河文明在内的古代文明地区都出现了明显的沙漠化趋势。而在中国的黄河流域，由于喜马拉雅山起到了屏障作用，在相当大的程度上减弱了这一普遍的气候现象的影响，从而避免了黄河流域由于外部的气候条件变化所造成的自然环境的恶化。

从文明的发展看，黄河流域文明与长江流域文明及其他周边地区的古代文明，一直存在着十分明显的相互影响和交互作用。这种多元素的关系说明，中华文明是以汉族为主的多民族共同创造的结果，同时，这种互补关系也有助于缓解中原农业区的生态压力，从而保持中华文明的旺盛活力。

中国文明在形成过程中体现了它的连续性，首先表现在生产工具和生产技术上。青铜时代，生产工具一直以石、木、骨

为主要材料，没有明显反映出由野蛮到文明时代的这一重大变化。青铜在社会中的主要用途不是制造生产工具，而是用于制造与宗教、政治和军事活动有关的器物。

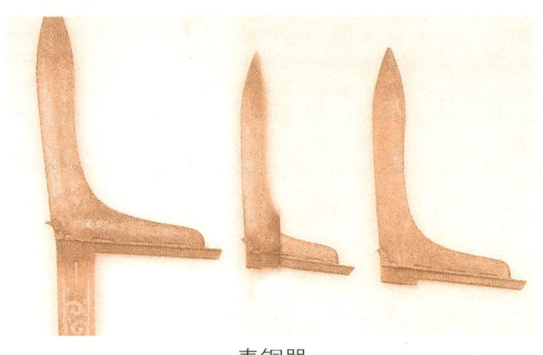

青铜器

其次，从氏族聚落组织和古代城市的演化来看，连续性还体现在氏族或宗族组织在国家形成后不仅没有消失或失去其重要性，而是继续存在，甚至在亲族制度和国家制度的结合中得到了加强。

再次是文字上的连续性。中国文明的重要特征之一是文字的连续性，它的作用始终与政治和宗教仪式活动相关，这种社会功能使文字在野蛮时代的作用在文明时代得以延续。

丰富的中国历史为后世留下无数宝贵的财富。作为世界上最古老的文明之一，中国文明孕育了中国人，而中国人创造了波澜壮阔的历史，在如此多娇的美好河山中，展开了更加恢宏的画卷，书写了人类文明史的新篇章。